Sibiu
Rumänien
Bulgarien
Gramatikovo
ulica
ma-
nien
iechenland
eto

Summary: The Honeys of the Balkans

Honey is one of the most valuable natural resources we possess. It is a spice, a healing remedy, a delicacy, a food product, and a medicine, as well as a raw material for cosmetics. For centuries, honey was the main sweetener in Europe, until around 1850, when industrially produced sugar became cheaper than honey and replaced it. Honey is the only naturally fermented food that does not require any physical treatment to retain its natural shelf life, so no pasteurisation or concentration, or chemical preservatives. As discoveries from ancient Egypt prove, its shelf life is practically unlimited. Among agricultural products, honey has held a status across almost all peoples, cultures, and religions in all eras rivalled only by oil and wine. Unlike wine, however, food regulations prohibit adding any substance to honey or removing any of its components.

Honey has a complex origin story. It consists of two ingredients: the phloem sap of plants, which bees collect in the form of floral nectar or honeydew within a small flight radius of four kilometres, and the enzymes produced by the bees themselves. The creation of honey is a virtually endless chain of transformations: from ingestion, to the mixing with saliva and fermentation, from the transfer of sap between bees of the same and different species, to ripening and drying processes, all influ-

Povzetek: Medovi Balkana

Med je eden najbolj dragocenih naravnih virov, ki jih imamo na voljo. Je začimba, zdravilo, užitek, živilo in surovina za kozmetiko. Med je bil stoletja glavno sladilo v Evropi, dokler okoli leta 1850 industrijsko proizvedeni sladkor ni postal cenejši od medu in ga nadomestil. Med je edina naravno fermentirana živila, ki ga ni treba konzervirati s fizičnimi postopki (pasterizacijo, koncentriranjem) ali kemičnimi konzervansi. Kot dokazujejo najdbe iz starega Egipta, je njegova trajnost praktično neomejena. Med je imel pri skoraj vseh narodih, kulturah in religijah v vseh zgodovinskih obdobjih med kmetijskimi proizvodi tako visok status, kot sta ga imela sicer le olje in vino. V nasprotju z zadnjima mu v skladu z uredbo o živilih ni dovoljeno.

Med ima zapleteno zgodovino nastanka. Sestavljen je iz dveh sestavin: iz soka rastlin, ki ga čebele zbirajo v svojem ozkem letalnem radiju štirih kilometrov kot cvetni nektar ali medeno roso, ter iz čebeljih encimov. Nastanek medu je neskončna veriga preoblikovalnih procesov, od sprejemanja hrane, slinjenja in fermentacije, prenosa na vrstnike in druge vrste, procesov zorenja in sušenja z naključnimi komponentami, kot so vreme in izbira lokacije. Njegov nastanek je čudežen in v naravi edinstven. Šele na samem koncu te zgodbe nastanka medu posreduje čebelar.

enced by more random factors such as weather and location. The process of its creation is both wondrous and unique in nature. It is only at the very end of this process that the beekeeper becomes involved.

Honey has a closer connection to the landscape of its origin than any other food. Honeydew and the nectar of the plants bees forage on have distinct smells and flavours. The flavour profile of honey thus reflects the flora of the bees' immediate surroundings. No other natural food product exhibits such a wide range of colours, aromas, and flavour nuances as honey. Thanks to the diversity of forage plants in Europe, beekeepers harvest around 100 different types of honey; half of these are produced in the Balkans alone. Furthermore, the pollen composition of honey provides additional evidence of its origin, making honey a food with a dual proof of provenance.

Good honey, much like good wine, is characterised by a harmonious balance of sweetness, acidity, bitterness, and complex aromas. For those who listen closely, good honey tells the story of the landscape from which it was produced. Good honey is a reflection of that landscape.

There are many ways of travelling, and one of them is to explore landscapes for their honey. The Balkans literally bear honey in their name. According to one of several possible translations, the term is a combination of the Turkish words 'bal' (hon-

Med je kot nobeno drugo živilo tako tesno povezan s pokrajino, iz katere izvira. Medena rosa in cvetni nektar posameznih rastlin, ki jih obiskujejo čebele, imajo različen vonj in okus. Okus medu tako odraža čebeljo floro v neposredni okolici. Nobeno drugo živilo ne kaže tako velike raznolikosti barv, vonjav in okusov kot med. V Evropi čebelarji zaradi raznolikosti rastlin, ki jih obiskujejo čebele, pridelajo okoli 100 različnih vrst medu, polovica od tega samo na Balkanu. Poleg tega med s svojim cvetnim prahom dodatno potrjuje svojo identiteto. Med je tako živilo z dvojnim dokazilom porekla.

Dober med se, podobno kot dober vino, odlikuje harmonija sladkosti, kisline, grenkih tonov in večplastnih arom. Dober med tistim, ki pozorno posluša, pripoveduje o pokrajini, iz katere izvira. Dober med je odraz svoje pokrajine.

Obstaja veliko načinov potovanja. Eden od njih je raziskovanje pokrajin po njihovem medu. Balkan ima med že v svojem imenu. Po eni od več možnih prevodov je ime sestavljeno iz turških besed »bal« za med in »kan« za kri. Prvotno je Balkan imenoval le gorsko verigo v Bolgariji. Od razpada Osmanskega cesarstva konec 19. stoletja se je ime razširilo na vsa območja v jugovzhodni Evropi, ki so bila 500 let pod osmansko vladavino.

Na podlagi teh razmišljanj se je štajerski potujoči čebelar Johannes Gruber za svoj tretji knjižni projekt

ey) and 'kan' (blood). Originally, 'the Balkans' referred only to a mountain range in Bulgaria. Since the collapse of the Ottoman Empire at the end of the 19th century, however, the term has expanded to encompass all the territories in Southeast Europe that had been under Ottoman rule for five centuries.

Drawing on these observations, the Styrian migratory beekeeper Johannes Gruber set out in search of the taste of honey in the Balkans for his third book project, *The Honey of the Balkans*. He discovered light Bedunica honey with a delicate smoky flavour from the mountains of southern Albania; intensely dark Manna oak honey with aromas of barley malt from Strandja, Europe's southeasternmost point; spicy immortelle honey from the Dalmatian islands, and much more. His research centred on rare honey varieties derived from native bee forage plants. Thanks to the region's great biodiversity, beekeepers in the Balkan countries produce a strikingly diverse range of multifloral landscape honeys.

An interest in honey and bees connects like-minded people everywhere. A kind of shared understanding quickly emerges – something at once universal and deeply personal. The aim of this book is to give good honeys the recognition they deserve, wherever they come from.

Translated by Carrie Thomas

Die Honige des Balkans (Medovi Balkana) odpravil na iskanje okusa medu na Balkanu. Našel je svetel bedunični med iz gora južne Albanije z nežnim okusom dima, temno rjav manni hrastov med z aromo ječmenovega slada iz Strandje, najbolj jugovzhodnega dela Evrope, aromatičen med iz slamnic z otokov pred Dalmacijo in še mnogo več. Raziskava se je osredotočila na redke sorte medu iz endemičnih cvetov, ki jih obiskujejo čebele. Zaradi velike biotske raznovrstnosti čebelarji balkanskih držav seveda proizvajajo tudi presenetljivo raznovrstnost večcvetnega medu.

Zanimanje za med in čebele povsod ustvarja dostop do podobno mislečih. Hitro se oblikuje nekakšen osnovni konsenz, ki je univerzalni in hkrati individualen. Cilj te knjige je dobremu medu podeliti plemenitost, ki si jo zasluži, ne glede na to, od kod prihaja.

Prevedel Herbert Seher

JOHANNES
GRUBER

DIE
HONIGE
DES
BALKANS

ATELIER
EDITION ATELIER WIEN

INHALT

WOLFGANG PETRITSCH
MEINE BOSNISCHEN HONIGE

Wolfgang Petritsch ist im Südkärntner Dorf Glainach/Glinje aufgewachsen. Er ist Präsident des Österreichischen Instituts für Internationale Politik und Präsident der Austrian Marshall Plan Foundation. Der pensionierte Karrierediplomat war EU-Sonderbeauftragter für den Kosovo (1998–1999), EU-Chefunterhändler bei den Kosovo-Friedensgesprächen in Rambouillet und Paris (1999) und anschließend Hoher Repräsentant für Bosnien und Herzegowina (1999–2002). Des Weiteren war er österreichischer Botschafter in Belgrad, Genf und Paris sowie Schumpeter Professor in Harvard und Gastprofessor in Berkeley, USA. Petritsch ist Träger des Europäischen Menschenrechtspreises 2007, Straßburg.
www.wolfgangpetritsch.com

Als ich im September 2025 mit Freunden von Wien kommend die kroatisch-bosnische Grenze bei Bihać überquerte, bemerkte ich bereits nach wenigen Kilometern am Straßenrand ein mir so vertrautes Bild: ein einfacher Bretterstand mit goldgelb schimmernden Honiggläsern. Kunstvoll aufgebaut wie eh und je standen dort die Gläser im Licht der untergehenden Sonne und hatten in der Tat bereits einige Käufer angelockt, die ihre Fahrzeuge gleich an der Böschung zum Halten gebracht hatten.

Dieses am Balkan alltägliche Bild – ich kenne es aus Serbien und Montenegro, ebenso aus dem Kosovo und besonders aus Bosnien, wo ich nach dem schrecklichen Bruderkrieg der 1990er-Jahre als internationaler Krisenmanager den Wiederaufbau des kriegszerstörten Bosnien und Herzegowina geleitet habe.

Über die Hälfte der bosnischen Bevölkerung von circa vier Millionen – die Mehrheit bildeten muslimische Bosniaken, gefolgt von orthodoxen Serben und katholischen Kroaten – wurde aus ihren Behausungen brutal vertrieben; Hunderttausende mussten ins europäische Ausland flüchten, viele auch nach Übersee, von den USA und Kanada bis Australien. In den militärischen Auseinandersetzungen wurden über einhunderttausend Zivilisten, Frauen und Männer und Kinder, getötet; die meisten davon – um die 80 Prozent – Bosniaken, sie waren die Hauptopfer des Krieges von 1992 bis 1995.

Der Friedensvertrag von Dayton im amerikanischen Bundesstaat Ohio hat zwar den Krieg beendet, jedoch ein überaus komplexes Regierungssystem mit zwei autonomen Teilen, den sogenannten Entitäten – der bosniakisch-kroatischen Föderation und der Republika Srpska –, geschaffen. Während internationale Truppen den Frieden überwachten, hatte mein »Office of the High Representative« die Aufgabe, das weitgehend zerstörte Land wiederaufzubauen.

Ehe die Vertriebenen und Flüchtlinge zurückkehren konnten, mussten Hunderttausende beschädigte oder zerstörte Häuser und Wohnanlagen, die niedergebrannten Fabriken und öffentlichen Gebäude wiederhergestellt werden.

Ebenso mussten zahllose Brücken und Verkehrswege sowie die vom Hass auf die jeweils andere Religionsgemeinschaft zerstörten Moscheen, Kirchen und Klöster wiedererrichtet werden. Eine kolossale Aufgabe, die es mit sich brachte, dass ich im Lauf der Jahre tausende Kilometer über das von hohen Bergen und tiefen Tälern zerklüftete Land gefahren bin und die kriegszerstörten und von großer Not und Armut gezeichneten Dörfer und Städte, aber auch die ursprüngliche Schönheit Bosnien und Herzegowinas, erlebte.

Entlang der Straßen und am Rande der Dörfer fanden sich einfach gezimmerte Marktstände mit allerlei Produkten der heimischen Landwirtschaft. Wurden die saisonalen Produkte wie Kraut in allen Stadien der Fermentierung, der knackige Kopfsalat oder die knallroten Tomaten und die dunkelroten Paprikaschoten nur in den Sommer- und Herbstmonaten angeboten, fanden sich über das ganze Jahr hinweg hochprozentige Schnäpse, allerlei Käse und getrocknete Pilze, Marmeladen aus köstlichen Waldfrüchten und die unterschiedlichsten Honigsorten in den Holzstandeln entlang der Verkehrswege des Balkans und auf den Marktplätzen der kleineren und größeren Orte der gesamten Region des ehemaligen Jugoslawien.

Ein herzegowinisches Dorf ist mir in besonderer Erinnerung geblieben, lag es doch auf einem steil zum azurblauen Fluss abfallenden Bergrücken. Wie auf einem kolorierten Foto aus längst vergangenen K.-u.-k.-Tagen ragte aus der Mitte der schindelgedeckten Häuser das elegante weiße Minarett der örtlichen Moschee in den Himmel. Unweit des Dorfplatzes, in einer beachtlichen Steilkurve, die jedoch genügend Platz zum Ausweichen bot, hatten sich gleich drei überdachte Verkaufsstände breitgemacht. Die Auswahl war hier besonders groß, gab es doch nicht bloß bernsteinfarbene Honige, sondern gleich auch Met und diverse Liköre in den exotischsten Farben, dazu eine ganze Batterie an Schnapsflaschen, vom gewöhnlichen Obstler bis zum ölig-seidigen Slibowitz, dem klaren Trester oder gar der milden Birne – im einheimischen Idiom *rakija, šljiva, loza, kruška* genannt –, ohne die das reichlich üppige Essen des Balkans nicht zu verdauen ist.

Als mich während einer Mittagsrast in einem am Fluss Una gelegenen Restaurant im eingangs erwähnten Bihać der Wirt erkannte, gab er mir zum Abschied ein Glas Honig. Was, frage ich mich, ist als Geste der Anerkennung berührender als dieses Produkt einer tiefen Symbiose von Natur und Gastfreundschaft?

JOHANNES GRUBER
VORWORT

Es gibt viele Arten zu reisen. Eine davon ist, Landschaften nach ihren Honigen zu erkunden. Der Balkan trägt den Honig bereits in seinem Namen. Nach einer von mehreren möglichen Übersetzungen ist die Bezeichnung eine Zusammensetzung aus den türkischen Wörtern *bal* für Honig und *kan* für Blut. Ursprünglich benannte der Balkan nur eine Gebirgskette in Bulgarien. Seit dem Zusammenbruch des Osmanischen Reichs gegen Ende des 19. Jahrhunderts erweiterte sich die Bezeichnung auf alle Gebiete in Südosteuropa, die unter der 500-jährigen Herrschaft der Osmanen standen.

Das Interesse an Honig und Bienen schafft überall Zugang zu Gleichgesinnten. Rasch entsteht eine Art Grundkonsens, universell und zugleich individuell. Das Ziel dieses Buches ist es, guten Honigen jenen Adel zu verleihen, den sie verdienen, egal woher sie kommen.

ÜBER DIE EXZELLENZ DES HONIGS

Honig ist eines der wertvollsten Naturgüter, über die wir verfügen. Er ist Gewürz, Heil-, Genuss-, Lebens- und Arzneimittel sowie Rohstoff für Kosmetika. Honig war jahrhundertelang der Hauptsüßstoff in Europa, bis um 1850 industriell hergestellter Zucker billiger als Honig wurde und diesen ersetzte. Honig ist das einzige naturfermentierte Lebensmittel, das durch keinerlei physikalische Behandlung (Pasteurisieren, Konzentrieren) oder chemische Konservierungsmittel haltbar gemacht werden muss. Wie Funde aus dem Alten Ägypten beweisen, ist seine Haltbarkeit praktisch unbegrenzt. Honig hatte in allen Zeitepochen bei fast allen Völkern, Kulturen und Religionen unter landwirtschaftlichen Erzeugnissen einen so hohen Stellenwert wie sonst nur Öl und Wein. Im Gegensatz zu Letzterem darf ihm laut Lebensmittelverordnung bis heute keine Substanz zugesetzt und kein Inhaltsstoff entzogen werden.

Honig hat eine komplexe Entstehungsgeschichte. Er besteht aus zwei Zutaten: dem Siebröhrensaft von Pflanzen, der von den Bienen innerhalb ihres engen Flugradius von vier Kilometern als Blütennektar oder Honigtau gesammelt wird, sowie bieneneigenen Enzymen. Die Entstehung des Honigs ist eine schier endlose Kette von Umwandlungsprozessen, von Nahrungsaufnahme, Einspeicheln und Fermentieren, von Weiterreichen an Artgenossen und Artfremde, von Reife- und Trocknungsprozessen mit Zufallskomponenten wie Witterung und Standortwahl. Seine Entstehung ist wundersam und in der Natur einzigartig. Erst ganz am Ende dieser Entstehungsgeschichte greift der Imker ein.

Honig steht in so enger Beziehung zur Landschaft seiner Herkunft wie kein anderes Lebensmittel. Honigtau und Blütennektar der einzelnen Bienentrachtpflanzen riechen und schmecken unterschiedlich. Im Geschmacksbild des Honigs spiegelt sich somit die Bienenflora der unmittelbaren Umgebung. Und kein anderes Lebensmittel zeigt eine derartig große Vielfalt an Farb-, Geruchs- und Geschmacksnuancen wie Honig. In Europa ernten Imker durch die Artenvielfalt der Trachtpflanzen etwa 100 verschiedene Sortenhonige, die Hälfte davon allein im Alpenraum. Zusätzlich erbringt Honig mit seinem Pollenbild eine weitere Bestätigung seiner Identität. Honig ist somit ein Lebensmittel mit zweifachem Herkunftsnachweis.

Guter Honig zeichnet sich, ähnlich wie guter Wein, durch eine Harmonie von Süße, Säure, Bittertönen und vielschichtigen Aromen aus. Guter Honig erzählt dem, der aufmerksam zuhört, von der Landschaft seiner Entstehung. Guter Honig ist das Abbild seiner Landschaft.

Ausgehend von diesen Betrachtungen machte ich mich auf die Suche nach dem Geschmack des Honigs auf dem Balkan und fand: hellen Bedunicahonig mit zartem Rauchgeschmack aus den Gebirgen Südalbaniens, tiefdunklen Manna-Eichenhonig mit Aromen von Gerstenmalz aus Strandscha, dem südöstlichsten Zipfel Europas, würzigen Strohblumenhonig von den Inseln vor Dalmatien und vieles mehr. Der Fokus der Recherche lag dabei auf raren Sortenhonigen von endemischen Bienentrachtpflanzen. Aufgrund der hohen Artenvielfalt erzeugen die Imkerinnen und Imker der Balkanländer natürlich auch eine überraschende Vielfalt an multifloralen Landschaftshonigen.

Während der Messe zur »Heiligung des Honigs« in der Kirche der Heiligen Jungfrau in Blagoewgrad, südlich der bulgarischen Hauptstadt Sofia, lesen Priester lange Gebete zu Ehren des heiligen Haralambos. Die Gläubigen versammeln sich jeweils am 10. Februar um Kerzen, die an kreuzförmig angeordneten Honiggläsern befestigt sind. (Foto: APA-Images / AP / Valentina Petrova)

HONIG UND BIENEN IN DER MYTHOLOGIE DER ALTEN BALKANVÖLKER

Die Honigbiene ist ein Insekt, das mit reicher Symbolik versehen ist. Die Wurzeln des alten Volksglaubens der Balkanvölker reichen bis weit in die Vergangenheit zurück. Einer bulgarischen Legende zufolge hinderte die Biene einst die Sonne daran, sich zu verehelichen, um danach als Quelle von Wärme und Licht für die Erde verloren zu sein. Als Gegenleistung wurde das Insekt von Gott mit der Fähigkeit zur Honigerzeugung belohnt. Seitdem besitzen Honig und Bienenwachs magische Heilkraft. Die Biene war auch Mittlerin zwischen dem Diesseits und der Unterwelt. In Rumänien war die Biene ein heiliges Tier, eine Gottheit in Form eines Insekts. Die traditionelle Bienenzucht war von magischen Akten begleitet, etwa bei der Anlockung eines Schwarms oder bei der Bitte um guten Honigertrag. Die Biene nahm im volkstümlichen Kalender der bäuerlichen Bevölkerung einen zentralen Platz ein. Gut für die Gesundheit und köstlich im Geschmack hat Honig zusätzlich eine symbolische und kulturelle Dimension, die weit über die kulinarische Verwendung und den Nähr- oder Heilwert hinausreicht. Die hohe Wertschätzung für Honig ist eine große Gemeinsamkeit von allen Bewohnern des Balkans.

Bienenvolk vor dem Abschwärmen.

DIE GE-SCHICHTE DES HONIGS AM BALKAN

DIE ENTSTEHUNG DER BALKANBIENEN

Die ersten Honigbienen

Vor etwa 100 Millionen Jahren entstanden die Honigbienen. Die ersten Arten wie *Apis dorsata* (Riesenhonigbiene) und *Apis florea* (Zwerghonigbiene), die die tropischen und subtropischen Teile Europas besiedelten, bauten ihr Brutnest im Freien aus nur einer einzigen Wabe. Gegen Ende des Tertiärs (vor 66 bis 2,5 Millionen Jahren) begann das Klima in Europa allmählich abzukühlen. Die wärmeliebenden Honigbienen verschwanden aus Europa, zusammen mit allen anderen thermophilen Tieren und Pflanzen. Noch heute gibt es im tropischen Asien direkte Nachfahren dieser ursprünglichen Bienenarten.

***Apis mellifera* – die Westliche Honigbiene**

Erst wesentlich später, vor etwa fünf Millionen Jahren, entwickelten sich in Südwestasien neue Arten der Honigbiene, die mehrere parallel angelegte Waben in geschützten Orten wie Baumhöhlen oder Felsnischen anlegten. Indem sie Bienentrauben in wechselnder Größe formten, gelang es den Bienen, auch bei wechselnden Umgebungstemperaturen eine konstante Temperatur im Brutnest zu halten. Gleichzeitig musste das interne Kommunikationssystem auf Tänze im Dunkeln umgestellt werden. Erstmals war es Bienenvölkern damit möglich, kalte Winter zu überleben. Diese neuen höhlenbrütenden Populationen breiteten sich in zwei Richtungen in benachbarte kältere Gebiete aus: nach Osten in Richtung China als Östliche Honigbiene, *Apis cerana,* und nach Westen in Richtung Vorderasien, Europa und Afrika als *Apis mellifera*, die Westliche Honigbiene. Die Verbreitungsareale dieser beiden Arten sind bis heute durch einen später entstandenen Wüstenstreifen im Gebiet des heutigen Irans und Afghanistans voneinander getrennt.

Die Eroberung von riesigen Lebensräumen führte rasch zur Entwicklung von neuen Formen. Im geologisch gesehen kurzen Zeitraum der letzten 50 000 Jahre hat die Westliche Honigbiene in ihrem neuen Verbreitungsgebiet 25 geografische Rassen hervorgebracht. Eine wichtige Etappe in der Entwicklungsgeschichte der nach Westen vordringenden *Apis mellifera* war ihre Ankunft im Mittelmeerraum. Das abgeschlossene mediterrane Becken bildete besonders während der Eiszeiten einen besonderen Lebensraum. Das Klima war kühl gemäßigt und sehr feucht. Der Meeresspiegel lag um mehr als 100 Meter tiefer, sodass die Küstenlinie teilweise einen anderen Verlauf hatte als heute. An den geschützten Küstenstreifen überlebten wärmeliebende Pflanzen

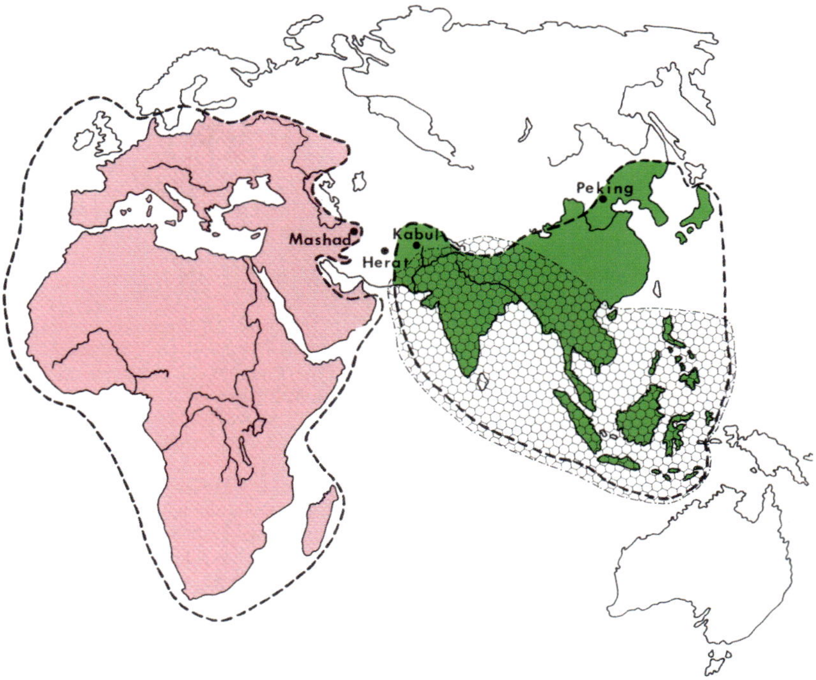

Die Verbreitungsareale der östlichen und der westlichen Honigbiene.
(aus Ruttner: *Naturgeschichte der Honigbienen*, Kosmos Verlag)

und Tiere, die aus der Tundra und dem mit arktischen Föhrenwäldern bedeckten Norden vertrieben worden waren. Einzelne Wärmeinseln waren mit Mittelmeerflora bedeckt, darunter auch winterblühende Pflanzen wie Rosmarin, Baumheide, Zistrose und Erdbeerbaum, die den Bienen reichlich Nahrung boten. Dazwischen lagen ausgedehnte Laubwälder. Der Gegensatz zwischen der stark gegliederten Küstenlinie und dem kontrastreichen Hinterland mit fruchtbaren Ebenen, schneebedeckten Bergketten und kargen Hochebenen sowie die Aufsplitterung in viele kleine Lebensräume ergab die ideale Brutstätte für neue Unterarten bzw. geografische Rassen. Von den 25 Rassen der Westlichen Honigbiene haben zwölf ihre Wurzeln an den Küsten des Mittelmeeres. Dieser Vielfalt an Honigbienen entspricht ein ähnlicher Artenreichtum an Wildbienen, anderen Insekten und auch Blütenpflanzen in dieser Region.

Die Bienenrassen der Balkanhalbinsel

Als nach Ende der letzten Eiszeit, also vor etwa 10 000 Jahren, die Temperaturen auf dem europäischen Kontinent wieder anstiegen, wanderten die wärmeliebenden Honigbienen gemeinsam mit ihren Trachtpflanzen Richtung Norden. Ein bedeutender Wanderzug verlief, aus dem östlichen

Die Verbreitungsareale der Balkan-Rassen der Westlichen Honigbiene. (aus Ruttner: *Naturgeschichte der Honigbienen*, Kosmos Verlag)

Mittelmeerbecken kommend, entlang der Schwarzmeerküste nach Nordosten und folgte dann dem Verlauf der Donau nach Nordwesten. Es entstanden die Siedlungsgebiete der drei Bienenrassen der Balkanhalbinsel mit neuen, an ihre jeweiligen Lebensräume angepassten Eigenschaften: Entwicklung von spezialisierten Winterbienen, Aussetzen der Bruttätigkeit im Winter bzw. deren Verminderung im Hochsommer und Flugstopp bei niedrigen Temperaturen.

Apis mellifera carnica

Die Carnica-Biene, *Apis mellifera carnica,* am nördlichen Balkan, im Donauraum und in den Karpaten verbreitet, überwintert in kleinen Kolonien und benötigt wenig Winterfutter. Sie beginnt bereits im zeitigen Frühjahr zu brüten und kann ihre Bruttätigkeit bei ausreichender Pollenversorgung sprunghaft steigern. *Carnica*-Völker haben eine ausgeprägte Neigung zur Schwarmbildung.

Apis mellifera macedonica

Südlich davon liegt das Verbreitungsgebiet der Makedonischen Biene, *Apis mellifera macedonica,* das sich von der Adria bis zum Schwarzen Meer und weiter bis in die Ukraine erstreckt. Die *Macedonica* ist kleiner und vor allem schlanker als die *Carnica*, gehört jedoch ebenso wie Letztere zu den grauen Bienen. Sie gilt als sehr sanft, hat eine geringe Schwarmneigung trotz großer Volksstärke. Im Spätsommer bildet sie nur noch wenig Brut und überwintert in großen Kolonien.

Apis mellifera cecropia

Ganz im Süden der Balkanhalbinsel findet sich die Südgriechische Biene, *Apis mellifera cecropia*. Ihr Name leitet sich von Attikas erstem König Cecrops aus der griechischen Mythologie her, der die erste staatliche Organisation errichtet und auch die Schrift eingeführt haben soll. Die Bezeichnung »cecropische Biene« taucht bereits in Vergils Gedicht »Georgica« auf. Das Verbreitungsareal der Südgriechischen Biene umfasst den südlichen Teil Griechenlands einschließlich des Peloponnes. Die *Cecropia* ist größer als die *Macedonica* und unterscheidet sich weiters durch längere Hinterbeine und einen längeren Rüssel. *Cecropia*-Völker brüten das ganze Jahr, am geringsten ist die Bruttätigkeit im Sommer. Die Schwarmneigung dieser Bienenrasse ist groß.

DIE ENTSTEHUNG DER HONIGFLORA DES BALKANS

Um sich erfolgreich vermehren und ausbreiten zu können, sind viele Pflanzen auf die Mithilfe von Bestäubungsinsekten angewiesen. Zu diesem Zweck entwickelten sie spezielle Formen des Blütenbaus und locken die Bestäuber mit Farben, Düften und Blütennektar. Und nicht nur die Honigbienen wanderten im Laufe der Erdzeitalter. Auch die meisten ihrer Nahrungsquellen, die Bienentrachtpflanzen, waren aufgrund sich ändernder Umweltbedingungen ständig auf der Suche nach neuen Lebensräumen. Einige von ihnen sind jedoch auch ununterbrochen seit Millionen Jahren auf der Balkanhalbinsel beheimatet.

Die Ureinwohner

Im Tertiär (vor etwa 66 bis 2,5 Millionen Jahren) waren Klima und Vegetation über einen sehr langen Zeitraum hinweg relativ geringen Schwankungen unterworfen. Durch geologische Untersuchungen wissen wir, dass die Balkanländer zu dieser Zeit aus einem lang gezogenen, ungefähr in der Mitte der jetzigen Halbinsel gelegenen Massiv bestanden, das rundum von Meer umgeben war. Erst später gewannen die Balkanländer durch Auffaltung an Festland. Es entstanden Landverbindungen mit Mitteleuropa, zwischen Bulgarien und der Krim und weiter in den Kaukasus und zwischen Italien und Dalmatien. Das tertiäre Klima der Balkanländer war bedeutend milder und feuchter als heute. Selbst im Landesinneren herrschte subtropische Vegetation vor. Aus Fossilienfunden weiß man, dass viele der uns heute vertrauten Blütenpflanzen aus der erdgeschichtlichen Epoche des Tertiärs stammen. Gegen Ende des Tertiärs begann das Klima in Europa allmählich abzukühlen. Es kam zu gewaltigen Veränderungen in der Vegetation: Tropische Pflanzenarten starben aus, später dann auch die meisten subtropischen Elemente, mediterrane Typen blieben nur in den Küstengebieten erhalten. Neue Arten entwickelten sich. Durch Hebung und Faltung der Gebirge entstand viel neues Terrain, das noch vollständig unbewohnt war.

Ein gutes Beispiel für eine autochthone tertiäre Mediterranpflanze auf dem Balkan ist der Echte Salbei, lat. *Salvia officinalis.* Er kommt im gesamten adriatischen Raum in Küstennähe vor. Isoliert davon gibt es jedoch auch große Vorkommen in Südostserbien. Eine weitere Tertiärpflanze ist *Rhododendron ponticum*, der Pontische Rhododendron, der auf kleinen Arealen im Unterholz von Eichenwäldern in der bulgarischen Region Strandscha vorkommt. Auch aus dem Erdzeitalter des Tertiärs stammt die Rosskastanie, lat. *Aesculus hippocastanum*. Der Botaniker Lujo Adamović beschrieb Bestände spontanen Ursprungs auf dem östlichen Teil des bulgarischen Balkangebirges nahe der Stadt Preslaw. Die Bestände beginnen ab 300 Meter Seehöhe und erreichen Baumhöhen von zehn bis zwölf Metern. Sie haben mächtige Stammdurchmesser von bis zu einem Meter.

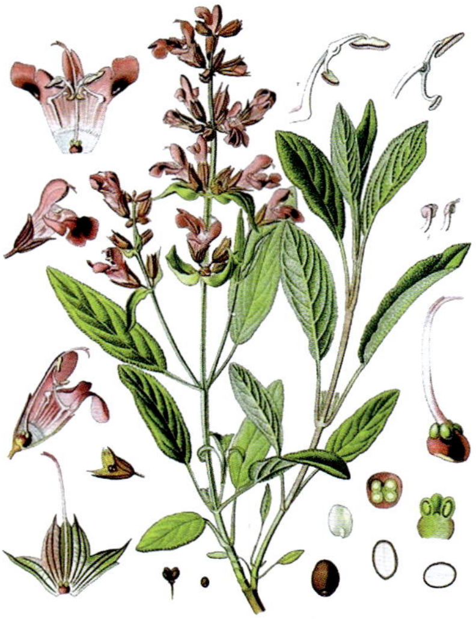

Echter Salbei (*Salvia officinalis*).

Flüchtlinge vor dem Eis

Mit Ende des Tertiärs und Beginn des Quartärs (vor 2,5 Millionen Jahren) wurden die Veränderungen dramatisch, das Eiszeitalter begann. Die Temperaturkurve ging zurück und die Jahresmitteltemperatur sank im Landesinneren der Balkanhalbinsel auf 0 Grad. Jene Gebirge, die 2 000 Meter überragten, waren mit kleineren Gletschern überzogen. Wärmeliebende Elemente hatten sich, wie fast alle mediterranen Pflanzen, in Küstennähe zurückgezogen. Nadelhölzer breiteten sich aus. Klimaflüchtlinge aus dem Norden, die Zuflucht vor den wachsenden Inlandgletschern Mitteleuropas suchten, wanderten zu. Durch die stark zergliederten Gebirge gab es eine große Vielfalt an Standorten. Das weit verbreitete helle Kalkgestein heizte sich im Sommer stark auf. Allzu tiefe Wintertemperaturen wurden durch die Wassermassen des Mittelmeeres und Schwarzen Meeres verhindert, die damals wegen des tief liegenden Wasserstands der Meere nicht miteinander verbunden waren. Sie stabilisierten die Temperatur, die im Sommer sehr hoch und im Winter gemäßigt war. Beispiele für zugewanderte Bienentrachtpflanzen aus dem Norden sind die Wildkarotte, lat. *Daucus carota,* und die Himbeere, lat. *Rubus idaeus*. Während der Eiszeiten konnte sich die größte Zahl der Zuzügler ansiedeln und weiterverbreiten, ohne besondere Anpassungen zu vollziehen. Für einige dieser Pflanzen aber war das Klima der Balkanländer viel zu trocken gegenüber dem in ihrer Heimat, sodass sie mehr oder minder tiefgreifende Anpassungsveränderungen entwickeln mussten, ehe sie sich mit Erfolg niederlassen konnten. Einige der aus Nord- und Mitteleuropa stammenden Pflanzen haben am Balkan etwa eine dichtere und längere Behaarung entwickelt wie z. B. der Wiesenklee, lat. *Trifolium pratense*.

Nacheiszeitliche Zuwanderer aus dem Osten

Mit Ende der Eiszeit (vor etwa 10 000 Jahren) wurde das Klima in weiten Teilen des Balkans wärmer und auch trockener. Die Nadelhölzer, die sich während der Kaltzeit ausgebreitet hatten, starben aus oder überlebten in kleinen Oasen. Oder sie zogen sich, wie Fichte und Tanne, in höhere Lagen zurück. Buchen und Eichen gewannen die Oberhand. Es entstanden günstige Bedingungen für trockenheitsliebende Pflanzen, die aus dem Kaukasus oder Südrussland kommend, sich über die Krim und Ungarn auf die ganze Balkanhalbinsel ausbreiteten, zum Beispiel der Ziest, lat. *Stachys augustifolia*. Diese seit frühgeschichtlicher Zeit zugewanderten Pflanzen werden Archäophyten genannt und gelten inzwischen als Teil von natürlichen Pflanzengesellschaften.

Einfluss des Menschen: Verkarstung

Mit dem wärmeren Klima nach Ende der letzten Eiszeit hinterließ der Mensch verheerende Spuren im Vegetationsbild der Balkanländer. Wälder wurden gerodet, um Weide- und Ackerland sowie Siedlungsgebiete zu gewinnen. An entwaldeten Stellen entstanden Flächen mit Buschwald. Durch ständige Beweidung mit Schafen und Ziegen verkrüppelten die Buschwälder immer mehr. Brände, Schläge und Windbrüche ließen

Blößen entstehen, die der verheerenden Macht des Wassers preisgegeben waren. Der baum- und strauchlose Boden verlor durch die Abspülung durch den mächtigen Winterregen an Humus. Aus Mangel an organischen Abfällen konnte sich keine neue Humusschicht bilden. Das nackte Gestein, das aus schwer verwitternden Kalken besteht, trat immer mehr an die Oberfläche. Es war zur vollständigen Verkarstung weiter Landstriche der Balkanländer gekommen. Über 80 Prozent der Landfläche Dalmatiens ist heute steriler Boden.

Einfluss des Menschen: Neophyten

Die jüngsten Zuwanderer unter den Pflanzen werden als Neophyten bezeichnet. Darunter versteht man alle Arten, die seit 1492 zugewandert sind. Nach der Entdeckung Amerikas begann der Mensch, ganze Pflanzen, Pflanzenteile und Samen in die alte Heimat zu verfrachten. Die einen zur Zierde der Gärten, andere als landwirtschaftliche Nutzpflanzen. Wieder andere haben den Weg in ihre neue Heimat ohne menschliche Absicht gefunden, etwa als blinde Passagiere in globalen Warentransporten. Nicht wenige davon sind verwildert, haben sich in ihrer neuen Heimat stark vermehrt und bereichern den Speiseplan von Insekten. Einige Neophyten haben am Balkan auch bienenwirtschaftlich eine große Bedeutung erlangt, wie zum Beispiel Götterbaum, Akazie, Goldrute, Gewöhnliche Seidenpflanze, Christusdorn und Bastardindigo.

»Es sollte bei aller Trauer um die alten Wunschbilder einer heilen Welt das Staunen über das Neue nicht verlorengehen«, schreibt der Evolutionsbiologe Josef H. Reichholf in seinem Buch *Die Zukunft der Arten*. Das gilt ganz besonders auch für den Geschmack des Honigs. Neu im Geschmacksspektrum der Balkanhonige sind etwa das Muskattraubenaroma im Honig vom Götterbaum oder die zarte Fruchtigkeit eines Bastardindigohonigs. Längst etabliert hingegen hat sich der feine Vanilleton des Akazienhonigs, einer Honigsorte, die inzwischen ihren Fixplatz in jedem Honigregal gefunden hat. Es ist eine der vielen Eigenschaften, die Honig auszeichnen und ihn einzigartig machen: Honig macht die Vegetationsveränderung einer Landschaft geschmacklich erfahrbar.

Einfluss des Menschen: Kulturpflanzen

Und nicht zuletzt hat der Mensch das Nahrungsangebot der Bienen durch Kulturpflanzen nachhaltig verändert. Zugleich wurde in den neu angelegten Kulturen auch eine große Zahl an Bestäubungsinsekten benötigt. In der mediterranen Klimazone in Küstennähe der Balkanländer, wie etwa im kroatischen Neretva-Tal, dominieren heute Zitrus-, Gemüse- und Obstkulturen. In der mitteleuropäischen

Klimazone sind es die Feldkulturen mit Buchweizen, Raps und Sonnenblume, die in den großen Ebenen Slawoniens und der Wojwodina die Wanderimker mit ihren Bienen anlocken.

VON DER HONIGJAGD ZUR MODERNEN IMKEREI

Die Honigjäger des Balkans

Als der *Homo sapiens* vor 250 000 Jahren die Bühne der Evolution betrat, war die Kooperation der Bienen mit den Blütenpflanzen – Nektar im Tausch gegen Bestäubung – bereits bestens eingespielt.

Honig war eine begehrte Beute, und die Jagd auf die Nester der Honigbiene war, wie in vielen Teilen der Erde, auch auf der Balkanhalbinsel weit verbreitet. Die kroatische Ethnologin Vlasta Domaćinović veröffentlichte 1989 im *Ethnologischen Atlas von Jugoslawien* eine Landkarte, die über 100 Lokalitäten zeigt, wo in früheren Zeiten Bienennester in Felsen, Klippen oder Erdlöchern von Honigjägern ausgebeutet wurden. Die Karte unterscheidet zwischen dem Erreichen der Nester mit Seilen oder Leitern, der Verwendung von Rauch und dem Abtöten der Bienen. An manchen Orten wurden auch Hohlräume geschaffen, um das Einziehen von Bienenschwärmen zu ermöglichen. In ihrem Aufsatz *Waldbienenzucht bei einigen südslawischen Völkern* zitiert die Ethnologin einen Bericht über die Bienenzucht im Skopje-Becken aus dem Jahr 1939: »Ein interessanter Brauch ist uns allen gemeinsam und läßt sich in allen Dörfern, wo es Bienen gibt, finden. Wandernde Rinderzüchter, aber auch Einheimische machen an großen Bäumen, im Sand der Täler oder an den Ufern der Bäche Aushöhlungen. Solche Aushöhlungen, die zuerst im Inneren mit Rinderkot überklebt, dann mit Zitronenmelisse eingerieben und von außen abgedeckt wurden, so daß eine enge Öffnung entsteht, durch die die Bienen einfliegen können, sah ich in vielen Dörfern … Zur Schwarmzeit kommt jeden Morgen derjenige vorbei, der die Aushöhlung geschaffen hat, um zu sehen, ob nicht schon ein Bienenschwarm eingezogen ist. Wer einen Schwarm findet, dem gehört er, der hatte Glück. Er holt dann einen Bienenkorb, gibt den Schwarm hinein und bringt ihn nach Hause … Auf diese Weise werden Bienenschwärme gefangen, um die Zahl der Bie-

Djavolski Zid – Die Teufelsmauer in Nordmazedonien. (Foto: Filipov Ivo)

nenstöcke zu vermehren oder weil man glaubt, daß die Bienen nur bei dem Imker weiterleben würden, der sie auf diese Weise gefangen … und nicht gekauft oder gestohlen hat …«

Höhlen als Bienenwohnungen

Der mazedonische Ausdruck *brt* bezeichnet alle Arten von Bienenwohnungen in Bäumen, in Erdlöchern, an Felsen und an Flussufern. In diese ausgehöhlten Beuten ziehen Bienenschwärme ein. Imker decken die Hohlräume mit einem Brett oder Stein ab und kennzeichnen sie mit ihren Initialen oder anderen Eigentumszeichen. Oder sie entnehmen die Bienen aus diesen Hohlräumen und bringen sie zu bereitgestellten modernen Bienenkisten aus Holz. In Nordmazedonien hat sich diese besondere Form der Interaktion zwischen Mensch und Biene erhalten und wird auch heute noch von einigen Imkern praktiziert. Der Imker Marjan Arsov aus Probištip in Nordmazedonien verfasste im Jahre 2015 einen Artikel für das *Pčelarski Žurnal* mit dem Titel *Bienen auf der Teufelsmauer*. Er beschreibt darin diese ungewöhnliche Art der Imkerei, die auch in der Anfangsszene des Dokumentarfilms *Honeyland* gezeigt wird: In einer 500 Meter langen und zwölf Meter hohen Sandsteinmauer, die vor langer Zeit durch Bodenerosion entstanden ist, sind von Imkern Hunderte Hohlräume geschaffen und mit einer Steinplatte wieder zugemauert worden. Nur ein kleines Flugloch blieb frei. Alljährlich im Frühling wiederholt sich ein Naturschauspiel: Dutzende Bienenschwärme ziehen in die Hohlräume dieser Mauer, die von den Einheimischen *Djavolski Zid* (Teufelsmauer) genannt wird. Woher die Schwärme kommen, ist ein Rätsel. Das Gelände ist äußerst unzugänglich, der nächste Ort Bogoslovec etwa zehn Kilometer Luftlinie entfernt. Es gibt keine Bienenstände und nur wenig Futter für die

Bienen an diesem Ort. Die unmittelbar an der Teufelsmauer vorbeifließende Bregalnica versorgt die Bienen mit Wasser. Sobald die Schwärme eingezogen sind, ernten Imker den Honig und bringen die Wildbienen in Transportkisten zu ihren vorbereiteten Bienenwohnungen.

Honig in einer Höhle der Teufelsmauer. Pčelarski Žurnal, broj 26, januar–mart 2015.

Traditionelle Bienenbehausungen

Die Geschichte der Imkerei ist eine Geschichte der Bienenwohnungen: Traditionelle Bienenbehausungen sind stets auch kulturgeschichtliche Denkmäler, errichtet mit ortsüblicher Handwerkstechnik aus den Materialien, die den Imkern vor Ort zur Verfügung standen.

Bienenwohnungen aus Ton

Die ursprünglich aus dem antiken Ägypten stammenden zylinderförmigen Bienenwohnungen aus Ton waren im gesamten Mittelmeerraum und spätestens ab 400 v. Chr. auch in Griechenland weit verbreitet. Die horizontalen Röhren, die sehr einfach gestapelt werden konnten, waren mit einem Keramikdeckel verschlossen, der ein kleines Einflugloch für die Bienen hatte.

Bienenwohnungen aus Stein

Eine weitere, sehr spezielle Art der Bienenbehausung, deren Ursprung weit in die Vergangenheit reicht, war auf den kroatischen Inseln Brač und Hvar und in Teilen Mazedoniens gebräuchlich. Es waren Bienenhäuser, die aus Steinen errichtet wurden und die teilweise auch in Steinmauern eingebaut wurden. Domaćinović zitiert einen Bericht aus dem Jahr 1937, der eine derartige Steinmauer mit 50 Bienenvölkern in der Nähe von Prilep im heutigen Nordmazedonien beschreibt: »Die Mauer, die ziemlich breit ist, hat an der Vorderseite kleine Öffnungen, die als Fluglöcher dienen. Teile der Rückseite sind mit Brettern verdeckt, um die Honigwaben zu entnehmen. Die Mauer dient zugleich zur Umzäunung des Hofes.« Ähnliche Bienenhäuser aus Stein gab es in großer Zahl in Apulien und auch in anderen Teilen des Mittelmeerraums.

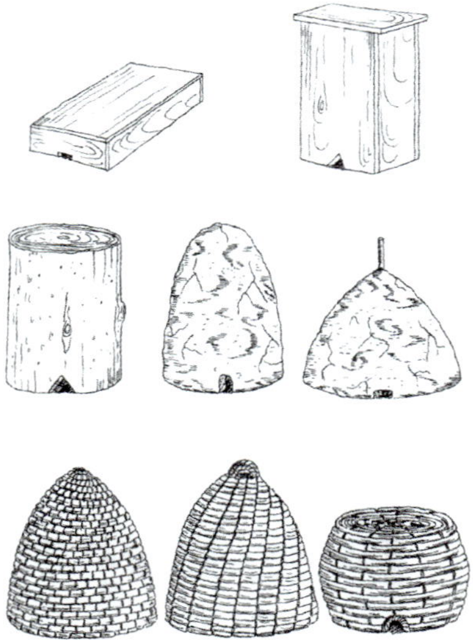

Zeichnungen von verschiedenen Bienenstocktypen in Jugoslawien von Vlasta Domaćinović, Zagreb, 1963.

Bienenwohnungen aus Holz

Eine sehr alte Form der Bienenhaltung ist auch die Unterbringung in Baumstümpfen und Holzklötzen. In Serbien und Mazedonien wurden Baumstümpfe mit Bienen in Siedlungsnähe gebracht und im Herbst nach Abtötung der Bienen »geerntet«. In Bosnien und Herzegowina sowie in Kroatien war es üblich, diese Baumstümpfe auch in den Folgejahren für Schwärme zu nutzen. Auch leere Holzstümpfe wurden hier mit Schwärmen besiedelt. Im Nordosten Bulgariens waren ebenfalls hohle Baumstämme in Gebrauch, die *stùbli* genannt wurden. Die Ernte der Honigwaben erfolgte entweder von oben, da diese Stümpfe nur mit einem Brett abgedeckt waren, oder durch eine lange, schmale Öffnung in der Form eines Türchens entlang des Stumpfes.

Strohkörbe als Bienenwohnung

Aus Stroh gefertigte Bienenkörbe gelangten erst relativ spät in den Balkanraum. Ihr Verbreitungsgebiet in Kroatien ist nahezu deckungsgleich mit jenen Gebieten, die unter österreichischem Einfluss standen. Sie verdrängten die früher in dieser Region gebräuchlichen Rutenkörbe und Holzklötze.

Rutenkörbe als Bienenwohnung

Bienenwohnungen aus Rutenkörben waren fast im gesamten Balkanraum verbreitet, ausgenommen Slowenien und küstennahe Regionen in Dalmatien, Montenegro und der Herzegowina. In Slawonien zeigen sich die Bienenkörbe aus Ruten ebenfalls seltener. Weiden oder Weinreben dienten als Flechtmaterial für die Körbe. Zur Abdichtung wurde frischer Kuhmist aufgetragen und zum Trocknen in die Sonne gestellt. Zur Schwarmzeit im Frühjahr wurde das Innere des Bienenkorbes mit Zitronenmelisse ausgerieben, da Bienen diesen Geruch lieben. Sehenswerte Exemplare von Rutenkörben findet man im Imkereimuseum Živanović im serbischen Sremski Karlovci. Dessen Namensgeber Jovan Živanović (1841–1916) ist einer der Vorreiter der modernen Imkerei in Serbien und noch weit darüber hinaus.

Bienenstand von Jovan Živanović,
Zeichnung von Dorda Kolarovića, Zeitschrift Pčela, April 1884.

Moderne Bienenwohnungen mit beweglichen Rähmchen

Der Übergang von traditioneller Bienenhaltung zu modernen Beuten erfolgte allmählich. In vielen Regionen existierten beide Arten der Bienenhaltung lange nebeneinander. Um die Mitte des 19. Jahrhunderts erfolgte die entscheidende Weiterentwicklung: der Bienenstock mit mobilen Rähmchen. Die Idee war bereits im antiken Griechenland geboren worden, doch erst 2 000 Jahre später wurde sie perfektioniert.

Es war Lorenzo Langstroth (1810–1895), der im Jahr 1851 eine moderne Bienenbehausung mit beweglichen Holzrähmchen entwickelte und 1853 in den USA das Patent anmeldete. In seinem ebenfalls 1853 erschienenen Buch beschreibt er seinen Bienenstock ausführlich. Wesentlich für eine effiziente Arbeit mit Bienen war die Implementierung des sogenannten »Bienenabstands«. Freiräume von weniger als sieben Millimetern werden von Bienen mit Knospenkittharz und jene über neun Millimeter mit Bienenwachs geschlossen. Abstände von sieben bis neun Millimeter bleiben jedoch frei von Verbauung, und die vollen Honigwaben können vom Imker leicht entnommen werden. Wann immer die von Langstroth in Nordamerika entwickelten Bienenbeuten in den darauffolgenden Jahren in anderen Ländern eingeführt wurden, gab es verschiedene Ansichten über die optimale Größe und Form der Bienenbehausung, die unterschiedliche Maße und Formen hervorbrachten. Das Prinzip der modernen Bienenbeuten mit beweglichen Rähmchen ist heute weltweit dasselbe und ermöglicht – ein gutes Angebot an Nektar und Honigtau vorausgesetzt –, wesentlich größere Honigmengen pro Bienenvolk zu ernten. Von vielen Bienenzüchtern adaptiert und verändert, ist die Imkerei mit mobilen Rähmchen heute weltweit verbreitet.

Der Honig vom Berg Hymettos

Die ältesten erhaltenen schriftlichen Quellen aus dem antiken Griechenland sind Mythen und Legenden. Als erster Imker gilt Aristaios, der die Kunst der Bienenzucht noch von den Musen erlernt haben soll. Um 594/593 v. Chr. erreichte die Imkerei in Attika, der Region um Athen, eine derartige Bedeutung, dass der Staatsmann Solon (640–560 v. Chr.) das älteste uns bekannte Bienenzuchtgesetz erließ: Wer einen neuen Bienenstand errichten wollte, musste dies mit einem Abstand von 300 Fuß (100 Meter) von einem bereits bestehenden tun. Zur Zeit seines Nachfolgers Perikles (490–429 v. Chr.) zählte Attika bereits 20 000 Bienenvölker. Zusätzlich brachten Wanderimker ihre Bienen mit Eseln in die bergige Region. Um 400 v. Chr. beklagt Platon (428/27–348/47 v. Chr.) eine exzessive Abholzung der Berge in Attika, die früher üppige Weiden für Rinder waren und jetzt nur noch Bienen ernähren konnten. Aristoteles (384–322 v. Chr.) beschrieb in Buch V seiner *Historia animalium* ausführlich das Leben und die Aktivität der Bienen und beschäftigt sich in Buch IV auch mit der Imkerei. Er bestimmte zwei Zeitpunkte für die Honigernte: das Frühjahr und den Herbst, wobei der Frühjahrshonig besser sei. Sein Schüler Theophrast (372–288 v. Chr.) machte drei Quellen für die Herkunft des Honigs aus. Entweder aus Blüten kommend, aus der Luft fallend oder aus Rohrgewächsen stammend. Nach seinen Vorstellungen war der Anteil der Bienen an der Honigproduktion allerdings gering. Er beschränkte sich auf das Sammeln des fertigen Honigs.

Dass Blütennektar nicht vom Himmel auf die Pflanzen fällt, sondern von den Pflanzen erzeugt wird, ist eine neuzeitliche Entdeckung. Sie wurde erstmals 1717 vom französischen Botaniker Sébastien Vaillant beschrieben.

Johann Georg Bessler erwähnt in seiner *Geschichte der Bienenzucht* aus dem Jahr 1885 den Honig vom Berg Hymettos, einem 1 026 Meter hohen Bergrücken etwa zehn Kilometer westlich von Athen. Gepriesen von antiken Autoren wie Martial (40–103/104 n. Chr.) oder Horaz (65–8 v. Chr.), scheint der wohl berühmteste Landschaftshonig der Antike mit seinem ausgeprägten Thymiangeschmack in der gesamten griechisch-römischen Welt ein Begriff gewesen zu sein.

Von dem Honig.

DEr Honig auß Attica hat den preiß vor dem andern/ darnach der auß Sicilien so da kompt von dem berge Hybla, vnd daher Mel hyblæum genent wirt.

Ein güter Honig soll sein süß scharpff/ eines lieblichen geruchs/ goldfärbig nicht wässerig/ nicht schwer/ nicht flüssig/ nicht leichtlich abbrechen so mann jhn zeucht/ vnnd widerumb hindersich lauffen/ vnnd sich zusamen ziehen.

Adam Lonitzer, Vollständiges Kräuterbuch, Frankfurt, 1575.

Imkerei bei den Thrakern und Skythen

Der griechische Historiker Herodot (485–425 v. Chr.) beschreibt den Bienenreichtum des Donauraums in Buch V seiner *Historie* so: »Die Bewohner von Thrakien sagen auch, dass die Länder jenseits der Donau von Bienen bewohnt werden und dass die Menschen wegen ihnen nicht weitergehen können.«

Mehrere antike Autoren schildern Imkerei im Staatsgebiet des heutigen Rumänien und Bulgarien. Polybios (200–118 v. Chr.) zählt in *Geschichten*, Buch IV, unter anderen Erzeugnissen auch Honig und Wachs zu den Luxusartikeln der Länder des Pontus. Strabon (63 v. Chr.–23 n. Chr.) schreibt in seiner *Geographica*, Buch VII, dass die Thraker Rindfleisch als Nahrung verschmähten und sich von Honig, Milch und Käse ernährten. Regen Handel mit Honig an der Schwarzmeerküste bezeugt der Fund einer Amphore in Mangalia, die heute im Archäologischen Museum von Konstanza aufbewahrt wird. Das mit 320–200 v. Chr. datierte Objekt mit einem Fassungsvermögen von drei bis fünf Litern trägt zwischen zwei Inschriften das Symbol einer Honigbiene und dürfte zum Transport von Honig verwendet worden sein.

Das mittelalterliche Serbien

Eine weitere Hochblüte erlebte die Imkerei laut J. G. Bessler im mittelalterlichen Serbien, das im neunten Jahrhundert zum Christentum konvertierte. Der Bedarf an Bienenwachs war dadurch sehr hoch geworden. Kerzen wurden als Opfergabe verwendet und bei liturgischen Feiern der Serbisch-Orthodoxen Kirche entzündet. Um den steigenden Wachsbedarf decken zu können, wurden unter der Leitung von Priestern und Mönchen auf kirchlichen und klösterlichen Grundstücken große Imkereibetriebe errichtet.

Wilhelm von Tyrus (1130–1186), ein Historiker und Staatsmann aus der Zeit der Kreuzfahrer, reiste im Jahr 1166 durch Serbien. Er beschreibt ein Land, das »reich an großem und kleinem Vieh, Milch, Käse, Fleisch, Honig und Wachs« ist. Chronisten aus der Zeit des Dritten Kreuzzugs (1189–1192) berichten, dass Heerführer Friedrich Barbarossa (1122–1190) und sein Gefolge auf der Durchreise durch Serbien in Niš feierlich mit Met bewirtet wurden.

Das erste schriftliche Dokument der Serben, in dem die Bienenzucht explizit erwähnt wird, ist die *Hilandar-Charta* aus dem Jahr 1198. Es handelt sich dabei um die Stiftungsurkunde für das berühmte Hilandar-Kloster auf dem Berg Athos, das vom serbischen Adel unter anderem mit insgesamt vier Bienenhäusern samt den dazugehörigen Imkern ausgestattet wurde. Mit der Bienenzucht in Serbien beschäftigten sich die gebildeten Stände und Mönche. Jedes Kloster besaß Bienenstände (serb. *uliste*), die es entweder selbst gegründet oder als Schenkung erhalten hatte. Aber auch der Staat und viele Adelige waren Eigentümer von Bienenvölkern. Die Bienenzucht stand unter Aufsicht von erfahrenen Imkern, die großes Ansehen genossen und von der Verpflichtung, Land zu bewirtschaften, entbunden waren.

Unter Kaiser Dušan (1308–1355) erreichte Serbien den Höhepunkt seines politischen Einflusses und seiner Ausdehnung. Das historische Serbien umfasste fast ganz Albanien und erstreckte sich von der Donau im Norden bis zum Golf von Korinth im Süden. Es reichte von der Stadtgrenze des unabhängigen Dubrovnik im Westen bis kurz vor Sofia im Osten. Die Hauptstadt des damaligen Reiches war Skopje. In der Stiftungsurkunde für das Erzengelkloster in Prizren bestimmte Dušan die Grenzen des damals größten Bienenstandes im Land. Derselbe zog sich über etliche Gebirge und Täler und zählte mehrere Tausend Bienenvölker. Für diese mittelalterliche Großimkerei ernannte Dušan zehn Imker aus der Umgebung als Verwalter.

Mittelalterliche Dokumente belegen auch, dass trotz des hohen Bedarfs im eigenen Land Überschüsse an Wachs und Honig produziert und über die Hafenstädte Dubrovnik, Split und Venedig exportiert wurden. Im Gegenzug fanden Luxusartikel aus dem Westen und Osten wie Stoffe, Pelze, teures Geschirr, Glaswaren, Salz und Waffen ihren Weg

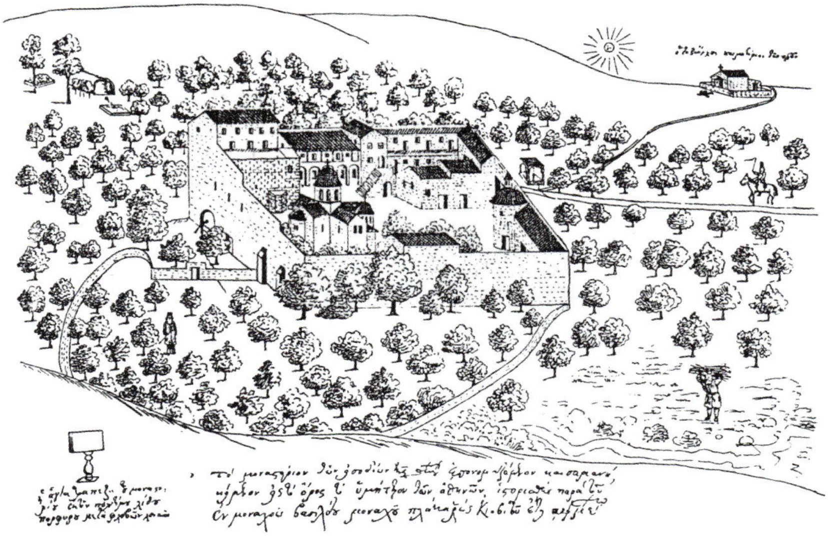

Das Kloster von Kaisariani auf dem Berg Hymettos in einer Skizze des russischen Pilgers Basil Barskij, datiert um 1745. (Abb.: A. K. Orlandos, Μεσαιωνικά μνημεία της πεδιάδος των Αθηνών και των κλιτύων Υμηττού-Πεντελικού-Πάρνηθος και Αιγάλεω, Athen 1933, 160, fig. 213)

nach Serbien. Mit dem Beginn der fast 500 Jahre andauernden Herrschaft der Osmanen ab 1371 fand die Hochblüte der Bienenzucht im mittelalterlichen Serbien ein jähes Ende.

Griechenland zur Zeit der Osmanen

Ein besseres Arrangement mit den neuen Machthabern aus dem Osten scheinen die christlichen Äbte der Klöster am Berg Hymettos getroffen zu haben. Die friedliche Übergabe Athens an die Türken im Jahr 1456 und die Gewährung zahlreicher Privilegien ermöglichten der christlichen Bevölkerung eine florierende Wirtschaft und damit ein Leben in Wohlstand. Die zuverlässigsten Quellen sind Berichte von Reisenden, die ab dem 17. Jahrhundert auf der Suche nach den Spuren der antiken Vergangenheit Athen bereisten und ihre Alltagseindrücke aufzeichneten. Wichtige Informationen stammen auch von Aufzeichnungen über Steuereinnahmen aus osmanischen Archiven. Laut diesen Listen produzierte Athen im Jahr 1506 insgesamt 15 000 Kilogramm Honig. Bis 1570 hatte sich die Produktion fast verdoppelt. Umfangreiche Honiglieferungen an den Hof in Byzanz scheinen insbesondere den Klöstern des Berges Hymettos zusätzliche Privilegien garantiert zu haben. Einer der größten Honigproduzenten war das Kloster Kaisariani, das bereits im elften Jahrhundert gegründet wor-

Alte Bienenkörbe.

den war. Seit dem frühen 13. Jahrhundert betrieben die Mönche des Klosters systematische Bienenzucht in Bienenwohnungen aus Ton. 1674 schrieb der französische Konsul Jean Giraud, dass der berühmteste Honig im gesamten Osmanischen Reich am Berg Hymettos produziert werde und der beste davon im Kloster Kaisariani. Etwa 90 Prozent des gesamten Honigs wurden nach Konstantinopel in die Paläste des Sultans exportiert, der Rest verblieb in Athen. Kleine Mengen gelangten auch auf europäische Honigmärkte in Marseille oder London.

Traditionelle Imkerei auf Chalkidiki

Chalkidiki ist eine Region in Nordgriechenland, südöstlich von Thessaloniki. In der kleinen Region mit nur etwas mehr als zwei Prozent der Gesamtfläche Griechenlands leben heute fast ein Drittel der griechischen Imkerinnen und Imker. Doch nicht nur Chalkidikis Honigreichtum ist legendär und seit der Antike bekannt. Die Imker von Chalkidiki praktizierten eine besondere Form der Imkerei: Sie lebten vor allem vom Verkauf von Bienenvölkern und versorgten Ende des 19. Jahrhunderts ganz Griechenland mit Bienen.

Ein Grund für den Erfolg der Imker lag in einer besonderen Form der traditionellen Bienenhaltung in einem aus Zweigen von Mönchspfeffer, lat. *Vitex agnus-castus,* Weidenruten oder aus Schilfrohr geflochtenen Korb. Mehrere vertikale Stäbe ragten an der Unterseite einige Zentimeter vor und erlaubten in den heißen Sommermonaten eine gute Lüftung. Im Winter wurde der Korb mit Lehm verschlossen, und nur ein kleines Flugloch blieb geöffnet. Die robusten Körbe waren gut geeignet für den Transport mit Maultieren oder Schiffen, was erfolgreiche Wanderimkerei ermöglichte. Imker der benachbarten Inseln Thassos und Skyros und aus anderen Teilen Griechenlands, in denen wegen Futtermangels ungünstigere Bedingungen für die Überwinterung der Bienen herrschten, nutzten die jährlichen Bienenmärkte Chalkidikis im Frühjahr und im Sommer, um sich mit Tausenden Bienenvölkern einzudecken.

Chalkidiki war eine der wenigen Regionen Griechenlands, in der die

Imkerei mit traditionellen Bienenwohnungen so weit entwickelt war, dass zahlreiche Familien ausschließlich davon leben konnten. Im Jahre 1794 berichtete der französische Konsul in Thessaloniki, Félix de Beaujour, dass die Region etwa 30 bis 40 Tonnen Bienenwachs und etwa die zehnfache Menge davon an Honig pro Jahr produziere. 1830 besuchte der schottische Diplomat David Urquhart Nordgriechenland und war beeindruckt von der hochentwickelten Art der Wanderimkerei und der Ernte des Honigs ohne Töten der Bienen, wie es in weiten Teilen Europas zu dieser Zeit noch übliche Praxis war.

Herzegowina unter österreichischer Besatzung

Als mit Ende des 19. Jahrhunderts das Osmanische Reich nach und nach zerbrach, gerieten Bosnien und Herzegowina in den Einfluss Österreich-Ungarns. Die vollständige Annexion erfolgte 1908. Die Österreicher entdeckten den Reichtum und die Qualität des herzegowinischen Honigs und gründeten 1884 eine Imkergenossenschaft, um Honig im ganzen Land zu kaufen. Aus den Archivdaten der Stadt Trebinje geht hervor, dass allein im Jahr 1900 eine Menge von 30 000 Kilogramm Honig aus der Region um Trebinje nach Wien exportiert und in der gesamten Monarchie verkauft wurde.

Imkerei in Jugoslawien

Einen ausführlichen Bericht über die Imkerei in der Sozialistischen Republik Jugoslawien verfasste Jovan Kulinčević im Jahr 1959. Demnach war die Imkerei, so wie viele andere Bereiche der Wirtschaft, durch die zahlreichen Kriege in der Region stark in Mitleidenschaft gezogen. Nach dem Ende des Zweiten Weltkriegs vergab der Staat großzügig Förderungen, um den Imkereisektor wiederaufzubauen. Er übernahm 1952 bis zu 70 Prozent der Anschaffungskosten für Bienenkisten und Imkermaterial, was eine bedeutende Starthilfe darstellte. Zahlreiche Kooperativen boten Hilfe bei der Vermarktung des Honigs. Ein Großteil der Imker war von der Einkommenssteuer befreit, lediglich größere Berufsimker waren von der Befreiung ausgenommen.

Die klimatischen Verhältnisse in weiten Teilen Jugoslawiens boten günstige Voraussetzungen für die Bienenzucht. Umgerechnet auf die Fläche des Landes hatten Slowenien und Serbien die höchste Bienendichte. Schlusslichter waren Mazedonien und Montenegro. Auffallend hoch war 1959 noch der Anteil der traditionellen Bienenbeuten von 40 Prozent an der gesamten Zahl der Bienenvölker. Die Einführung der modernen Imkerei mit beweglichen Bienenrähmchen startete in Slowenien und verbreitete sich von den nördlichen Landesteilen Richtung Süden. Titos Agrarpolitik unterschied sich wesentlich von der

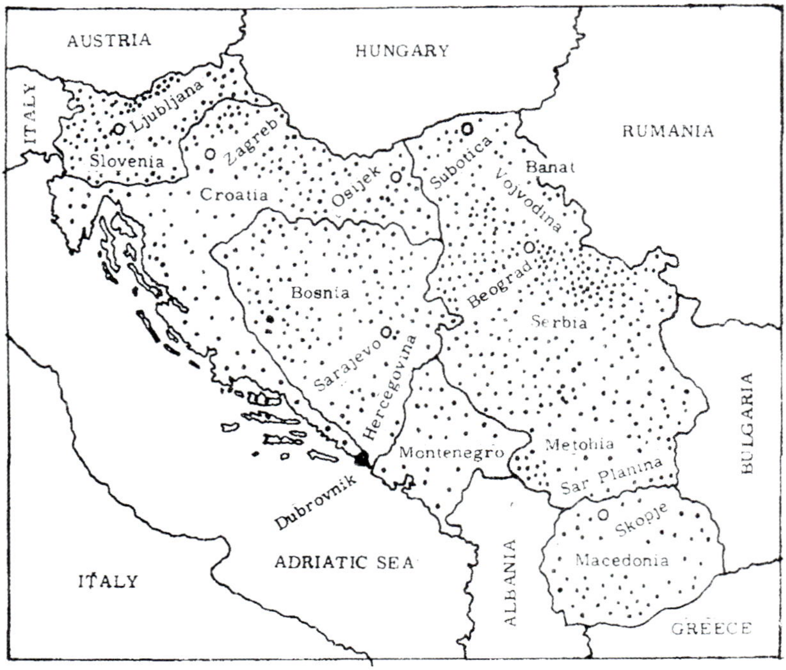

Jovan Kulinčević, 1959, Die Bienendichte in Jugoslawien.

des benachbarten sozialistischen Bruderstaates Albanien. Diktator Enver Hoxha erlaubte dort bäuerlichen Privatbesitz im Ausmaß von einer Kuh, fünf Bienenstöcken und nur wenigen Quadratmetern Grund und Boden. Damit ging auch viel bäuerliches Wissen verloren. Anstelle der vollständigen Verstaatlichung von landwirtschaftlichem Besitz begnügte sich Tito damit, größeren Bauern das Leben mit Abgaben und Steuern zu erschweren. Ähnlich wie die DDR war Jugoslawien bereits nach wenigen Jahren ein bedeutender Honigexporteur und das Naturprodukt Honig ein wichtiger Devisenbringer. Für das Jahr 1954 wies der staatliche Statistikdienst Jugoslawiens eine Gesamtexportmenge von 1300 Tonnen aus, was etwa einem Drittel der Gesamternte entsprach. Hauptabnehmer war bereits damals der auch heute noch größte Honigimporteur Europas, nämlich Deutschland, gefolgt von Österreich, Belgien, Schweiz, Niederlande und Dänemark. Der Verkaufspreis war mit nur 500 Dollar pro Tonne frei Landesgrenze günstig. Für den Verkauf verantwortlich zeichnete das staatliche Unternehmen Medex in Slowenien, das auch heute noch existiert.

IMKERIN-
NEN DES
BALKANS
UND IHRE
HONIGE

Landschaft an der Vjosa, Südalbanien.

Der Honig der Adlersöhne

Der Balkan beginnt am Terminal 3 des Flughafens Wien-Schwechat. Die Gates mit Destination Tirana, Zagreb oder Pristina liegen am äußersten Ende und noch dazu in dessen Untergeschoss. Gucci-Felltaschen und Hermès-Läden sind verschwunden, ebenso die Restaurants und Cafés. Die touristische Infrastruktur beschränkt sich auf einen Getränkeautomaten, wie er auch in Betriebskantinen oder Autowerkstätten zu finden ist. Er ist nur eingeschränkt funktionsfähig. Wer jetzt noch keinen Mozartlikör gekauft hat, der findet keinen mehr. Der Boden ist ein grober Teppich aus Kunststoff, die Decke eine bizarre Landschaft aus Röhren und Schläuchen. Niemand findet es der Mühe wert, sie hinter einer Abdeckung zu verstecken. Das Gedränge und Geschiebe des Flughafenbetriebs zu Ferienbeginn findet hier ein jähes Ende. Diejenigen, die hier auf den Abflug warten, sind nicht auf Shoppingtour nach New York oder Paris. Viele der Reisenden scheinen die Osterfeiertage für einen Familienbesuch zu nutzen.

Wenige Kilometer vom Flughafen entfernt liegt Laknas, ein Vorort von Tirana. Kühe und Ziegen beweiden die freien Flächen, Hühner laufen frei herum. Die Trennung von Stadt und Land scheint hier aufgehoben. Frauen in weiten Röcken sitzen auf Schutthaufen am Straßenrand. Vieles erinnert an die Türkei. Allgegenwärtig sind Elemente der Unfertigkeit: Betongerippe, aufgerissene Straßen und Gehsteige.

Wir sind auf der Suche nach der *Uka Farm*, einem bekannten Weingut und zugleich auch renommierten Restaurant. Der Wegweiser in den Ort ist erst im Rückspiegel erkennbar. Wir wenden, fragen mehrfach Passanten um den Weg. Die Hilfsbereitschaft ist trotz der Sprachbarriere erstaunlich.

Kein Schild am Eingang weist auf ein Restaurant hin. Dafür ein Platzeinweiser, der beim Parken behilflich ist. Uns erwartet die erste von zahlreichen Überraschungen unserer Reise: eine coole Location inmitten von Weinstöcken und Gärten, ein großartiges Mittagessen mit Tomahawk-Steak vom Grill, Gemüse aus dem Garten und Wein von zwei autochthonen weißen Rebsorten aus der eigenen Kellerei, die besonders beeindrucken: *Pulëz*, aus dem Süden des Landes, und *Ceruja*, eine nicht veredelte Rebsorte aus den Bergen nördlich von Tirana, die traditionellerweise an Maulbeerbäumen gezogen wird.

An Tirana ist zunächst die hohe Mercedes-Dichte auffällig. Und die Fahrweise, vor der uns selbst der Autovermieter am Flughafen schon gewarnt hat. Autofahrer halten mit Warnblinkanlage in erster Spur, um Zigaretten zu kaufen, die Vorrangregeln sind uneindeutig. Ein Kellner in einem Café am zentralen Skanderbeg-Platz bietet uns seine Dienste als Reiseleiter an. Von den 300 Euro monatlich, die er als Kellner verdiene, könne er nicht leben. Sintflutartiger Regen führt zu einem massiven Stau bei der Ausfahrt Richtung Süden. An einer Baustelle auf der Autobahn reicht das Regenwasser bis zur Bodenplatte der Fahrzeuge.

Bei Tepelena erreichen wir das Vjosatal, psychedelische Schönheit, ein Frühlingsmorgen in fast obszöner Farbenpracht: Schnee auf den Bergspitzen, lila blühende Judasbäume auf den Terrassen der Hänge, die Wiesen in üppigem Grün, durchsetzt mit Massen von Frühlingsblüten, Rosmarinsträucher und wilde Anemonen blühen am Wegrand. Im Talgrund, majestätisch, die Vjosa, der letzte nicht regulierte Fluss Europas. *Die Zeit* schrieb 2021: »Die Vjosa nimmt fast den gesamten Talkessel ein, sie macht sich gut zwei Kilometer breit, wird dann wieder schmaler, mal erhöht sie ihr Tempo, mal bremst sie sich. Ständig verändert sie ihr Gesicht. Sie ist eigenmächtig, sie tut, was sie will, sie spielt mit der Landschaft.« Bei genauerem Hinsehen offenbaren sich auch die Schattenseiten dieser wilden Flusslandschaft. Wilde

Müllhalden, die offensichtlich über das regelmäßige Hochwasser entsorgt werden. Reste von Plastik und Textilien schmücken wie tibetische Gebetsfahnen die Bäume des gesamten Ufers. Entlang des Flusses ziehen große Schaf- und Ziegenherden samt dazugehörigen Schäfern, die an Hirtenstäben lehnen. Nur ihre Mobiltelefone passen irgendwie nicht in die bukolische Romantik.

Der erste Versuch des Zusammentreffens mit der Imkerfamilie Sali im südalbanischen Gostivisht gerät zum Schlammdesaster. Sintflutartige Regenfälle in den letzten Tagen haben die Wege selbst für unseren Wagen mit Allradantrieb unpassierbar gemacht. Nur mit allergrößter Mühe gelingt der Rückweg.

Wir treffen uns am nächsten Tag im Sommerquartier der Familie in der Stadt Përmet. Die Gemüse- und Weinterrassen reichen hinab zum Flussufer der Vjosa. Ein opulentes Mittagessen auf der Sonnenterrasse lässt die Strapazen des Vortages rasch vergessen: Hühnersuppe, Wildschweinragout, getrocknetes Ziegenfleisch, Käse von Schaf und Ziege sowie Honigkuchen. Dazu selbst gemachter Rotwein und Raki. Die Gastfreundschaft der Albaner ist überwältigend. Flora Sali (39), Krenar Sali (43) sowie Albas Sali, der 17-jährige Neffe, Jungimker und zugleich auch genialer Übersetzer, sitzen mit am Tisch.

Die Bienenhaltung betreiben die Salis in drei Landschaftsstufen: In der Tallage um Përmet, wo sich die Bienen über den Winter und im Frühjahr aufhalten, herrschen paradiesische Verhältnisse für die Tiere. Eine immense Auswahl an Trachtpflanzen steht den Bienen von Februar bis November ohne Unterbrechung zur Verfügung. Dementsprechend hoch ist auch die Bienendichte im Tal. Im Bergdorf Gostivisht, auf etwa 700 Metern Seehöhe, findet die Aufzucht der Jungvölker statt. Geerntet wird in diesem Imkerdorf überwiegend Blütenhonig. Von den 14 Familien, die dort leben, hat die Hälfte Bienen. Zur Zeit der Bedunicablüte wandern alle Bienen der Salis ins Gebirge, auf einen Stellplatz in einer Seehöhe von 1200 Metern. Für den mühsamen Transport hat die Familie eigens einen Weg anlegen lassen.

Flora Sali ist Aktivistin bei *Slow Food* Albanien. Unter den vielen albanischen Produkten, die es in die Liste der schützenswerten Agrarprodukte geschafft haben, befinden sich auch zwei Sortenhonige aus ihrer Region: Der *Mjalte mare*, der Honig vom Erdbeerbaum, lat. *Arbutus unedo,* ist der bitterste aller Honige. Das Heidekrautgewächs blüht im Oktober und November. Gleichzeitig befinden sich bereits auffällig rote Früchte, die an Erdbeeren erinnern, an den Zweigen. In der Region um Përmet gibt es noch eine eigene Art des Erdbeerbaums, die ausschließlich im Frühjahr blüht. Der zweite Honig heißt *Mjalte Bedunice.* Der Nektar dafür stammt von einer Pflanze namens *Staehelina uniflosculosa.* Der Korbblütler ist auf dem Balkan endemisch und bildet ausschließlich in einigen Gebirgszonen des Nationalparks Hotova-Dangell, nordöstlich von Përmet, größere Bestände. Die Blütezeit beginnt im August, und die Ernte des Honigs erfolgt im September. Bedunicahonig hat kurz nach der Ernte einen gelbgrünen Farbton und intensive florale Aromen. Am Gaumen erinnert er an weiße Schokolade mit einem rauchigen Bitterton im Abgang. Der Gebirgshonig kristallisiert relativ rasch zu einer feinen, hellbernsteinfarbenen Masse.

Honig spielt in der Küche Albaniens eine maßgebliche Rolle. Das Hotel *Mangalemi* ist eines der schönsten und ältesten in Berat, auch *Die Stadt der tausend Fenster* genannt. Berat und seine historischen Steinhäuser zählen seit 2008 zum UNESCO-Weltkulturerbe. Auf der Speisekarte des altehrwürdigen Hotels ist in vier von acht Desserts Honig enthalten: Baklava, Shendetli (Honig-Nusskuchen), Joghurt mit Honig und Walnüssen sowie Früchte mit Honig.

Wir fahren zum Bienenstand. In vier langen Reihen stehen bunte Bienenstöcke im Abstand von mehreren Metern verteilt über den ganzen Hang. Im Hintergrund leuchtet frischer Schnee vom Gipfel des 2200 Meter hohen Nemërçka-Gebirges. Imker Krenar Sali erzählt von einer Begegnung an diesem Bienenstand. Ein Bär habe sich eben an einem Bienenstock gütlich getan, als Krenar sich mit seinem Geländewagen näherte. Der Imker und erfahrene Jäger wusste, dass Bären bei Gefahr stets die Flucht ergreifen. Er zeigt auf eine zerstörte Bienenzarge, die immer noch in einigen Metern Abstand im Gebüsch liegt. Eine leergefressene Bienenwabe hängt an einem Strauch. 15 Völker hat Krenar bereits an Bären verloren, bei einem benachbarten Bienenstand waren es gleich fünf auf einmal in einer einzigen Nacht.

Braunbären im Nationalpark anzutreffen ist keine Seltenheit. Auch Wölfe und Wildschweine kommen vor, und vor allem Steinadler, das Wappentier der Albaner und elementarer Teil des Selbstverständnisses der *Shqiptaren*, der Söhne der Adler, wie sich die Albaner selbst bezeichnen.

Das Ende der 400-jährigen Herrschaft der Osmanen hatte mehrfach die Begehrlichkeiten der Nachbarn auf albanisches Territorium geweckt. »Gostivisht wurde im letzten Jahrhundert dreimal niedergebrannt«, erzählt Flora. »1939 von Mussolini, 1940 von den Griechen und zuletzt 1943 von den Deutschen. Die Griechen waren die Schlimmsten.« Spuren der vielen Verteidigungskriege, die Albanien führen musste, findet man in Form von Mahnmalen an Straßenrändern im ganzen Land. Plastikblumen erzählen Zeitgeschichte.

Nur wenige hundert Meter vom Bienenstand der Salis entfernt befinden sich die heißen Quellen von Bënjës, eine noch wenig genutzte touristische Attraktion ersten Ranges. Aus einem Felsmassiv tritt 32 Grad warmes Thermalwasser. Ein kleines, halbkreisförmiges Becken lädt zum Bad ein. Der Ort ist frei zugänglich und wird in dieser kühlen Osterwoche nur von einigen Campern genutzt. Wie lange noch, ist die Frage, habe doch der Prinz von Abu Dhabi bereits Kaufinteresse angemeldet. Knapp oberhalb des Bades quert eine Ziegenherde scheinbar ohne Mühe eine Steinbrücke aus der Osmanenzeit. Zwei Tiere versäumen den Anschluss und bleiben zurück. Erst das aufmunternde Meckern der Herde jenseits des Flusses gibt ihnen den Mut zu folgen. Weiter hinten und gut verborgen in der Lengarica-Schlucht befinden sich laut Wanderkarte antike Ausgrabungsstätten.

Floras Großmutter hatte seit ihrer Jugend Bienen. Als Bienenwohnungen dienten damals Strohkörbe, und um an den Honig zu gelangen, wurden die Bienen getötet. Die Großmutter hatte das Alter von 100 Jahren erreicht, als sie vor zehn Jahren starb. Flora hat die Bienen von ihr übernommen. Ihr Mann Krenar ist Moslem und wurde in Gostivisht geboren. Flora stammt aus einer christlichen Familie aus dem Nachbarort Frashër. Eine Doppelhochzeit habe die Bande zwischen den Familien gefestigt, erzählt Albas, der Neffe von Flora. 90 Bienenvölker habe die Familie Sali insgesamt. Sie seien eigentlich zwei Imkerfamilien. Sein Vater habe seine eigene Imkerei mit etwa 100 Völkern. Flora sei die Schwester seiner Mutter und ihr Mann der Bruder seines Vaters. Seine Tante Flora habe ihn gefüttert, als er klein war, zugleich mit ihrer eigenen Tochter. Alle leben im selben Haus. Was Albas vorhat in seinem Leben? »Ich möchte mit Bienen arbeiten, aber vorher will ich noch nach England oder Amerika, um Geld zu verdienen«, sagt er entschlossen.

Bei der Bienenarbeit betätige sie nur den Rauchapparat, sagt Flora. Ihr Mann Krenar mache die ganze weitere Arbeit, auch das Füllen des Honigs in Gläser. Für den Verkauf des Honigs sei dann wieder sie zuständig.

Flora stammt aus einer großen Familie. Sie lebte mit fünf Schwestern, den Eltern und ihren Großeltern in einem geräumigen Steinhaus. Bevor Enver Hoxha an die Macht kam, hatte die Familie großen Grundbesitz und besaß viele Kühe und auch Bienenstöcke. »Die Kommunisten haben uns alles weggenommen«, sagt Flora. Und ergänzt: »Wir wollen uns nicht daran erinnern.«

Enver Hoxha war wohl einer der bizarrsten aller europäischen Dikta-

Krenar und Albas Sali, Imker.

toren. In den 70ern und 80ern des letzten Jahrhunderts, als andere kommunistische Regime sich zu öffnen begannen, drängte er sein Land in die völlige Selbstisolation. Er brach mit allen Verbündeten und überzog Albanien mit Hunderttausenden Betonbunkern. Jeglicher private Grundbesitz war verboten, mit Ausnahme von einer Kuh, fünf Bienenstöcken und etwa 100 Quadratmeter Grund für den Küchengarten. Albanien war das einzige Land der Erde mit Atheismus als verordneter Staatsreligion.

»Die Region Përmet hat eine große touristische Zukunft. Wir haben die Landschaft des Nationalparks, die warmen Bäder von Bënjës, die Osmanenbrücke und eine große kulinarische Tradition«, ist Flora überzeugt. Der Verein *Pro Përmet* vernetzt die Landwirte mit den besten Restaurants in der Region. So stammen etwa Käse, Honig und Wein, aber auch Gemüse und Fleisch im Restaurant *Antigonea* von Bauern aus der Nachbarschaft. Zwei Käsereien in der Nähe von Përmet verarbeiten die Milch von mehreren Bauern zu Feta und Hartkäsespezialitäten. Mehrere albanische Weingüter spielen auch in der internationalen Liga bereits an vorderster Stelle. Die *Villa Përmet*, das beste Hotel in der Stadt, steht stellvertretend für das Schicksal und die Hoffnung des Landes. Ursprünglich im Besitz einer reichen Kaufmannsfamilie, gedemütigt durch Enteignung, niedergebrannt und fast vollständig zerstört, ist es nun das strahlende Vorzeigeprojekt und der Stolz der Stadt. Das Viertel um das Hotel wird zum Ausgangspunkt der Stadterneuerung. Die Straßen der Altstadt werden, von der erhöhten Hügellage beginnend, zur Gänze neu gepflastert.

Albanien verdoppelt jährlich die Zahl der Touristen. Kein Wunder – zählt das kleine Land mit seinen knapp drei Millionen Einwohnern mittlerweile längst schon zu den Topzielen von Individualreisenden.

Bezugsquelle für Erdbeerbaum- und Bedunicahonig

Guest House & Bletari »Sali«
Flora & Krenar Sali
Gostivisht, Përmet
Tel.: +355 68 47 94 569
Mail: florasali85@gmail.com

Reisetipps

Guest House & Bletari »Sali«/Gostivisht
Villa Përmet/Përmet
Restorant Antigonea/Përmet
Blerina Farm/Laknas
Uka Farm/Laknas
Vila Shard/Tirana
Hotel Livia/Butrint

Landschaft in der Bosanska Krajina, Nordwestbosnien.

Bitterer Honig

Während die Herzegowina so etwas wie den verkarsteten, mediterranen Kräutergarten des Landes darstellt, ist das Landschaftsbild des nordwestlichen Bosniens völlig anders: Die Vegetation ist mitteleuropäisch. Und noch etwas unterscheidet die Honigreise nach Bosnien von der in den südlichen Landesteil. Diesmal begleitet mich ein orts- und sprachkundiger Reiseleiter.

Mirsat Karolic ist gebürtiger Bosnier und lebt seit 30 Jahren in Österreich. Er arbeitet als Polier für eine große Baufirma und hat mich eingeladen, ihn auf einer Imker-Reise in sein Heimatland zu begleiten. Er möchte mir einen befreundeten Imker vorstellen und dabei Übersetzer sein. Er selbst betreut als Hobbyimker einige Bienenstöcke im Weinviertel.

Mirsat ist, mit seinen 56 Jahren, eine stattliche Erscheinung. Er erwartet mich am vereinbarten Treffpunkt in seinem gepflegten schwarzen Mercedes. Das Auto hat er vor zwölf Jahren selbst aus Deutschland importiert, wie er erzählt. Unser Ziel ist der Ort

Bužim in der Bosanska Krajina, dem nordwestlichsten Teil Bosniens, unweit der Grenze zu Kroatien. Die hügelige und bewaldete Region ist bekannt für ihre ausgedehnten Kastanienwälder, in denen die Bienen hocharomatischen Edelkastanienhonig erzeugen.

Bald nach Zagreb rollen die Touristenkolonnen Richtung Adria, und es wird einsam auf der Autobahn nach Belgrad. Mirsat möchte Bosnien über eine Abkürzung erreichen und verlässt sich dabei auf das Navi. Nach geschätzten 100 Kilometern über kurvenreiche, kleine Straßen und zuletzt über eine staubige Schotterpiste mit großen Schlaglöchern kreuzen nur noch Wildschweine unseren Weg durch das kroatisch-bosnische Grenzgebiet. Mirsat meint, Kroatien habe zwei Gesichter, eines sehr gepflegt hin zur EU und ein zweites, hässliches, hin zu Bosnien. Die Grenzregion war vor dem Krieg serbisches Siedlungsgebiet. Etliche verfallene Bauernhöfe in abgeschiedener Lage zeugen noch von einer prosperierenden Vergangenheit. Kurz nach dem Grenzort Obljaj stoppt uns eine Grenzpolizistin und weist uns zurück. Obwohl wir nur wenige Kilometer von unserem Ziel entfernt sind, ist hier eine Durchfahrt nicht möglich. Die Grenze ist geschlossen.

Mit einem erzwungenen Umweg erreichen wir schließlich Bosnien. Unterschiede in den Ortsbildern fallen auf: War in Kroatien stets eine Kirche der Mittelpunkt des Dorfgeschehens, so ist es nun eine Moschee. Auf den Friedhöfen stehen statt Plastikblumen auf breiten schwarzen Marmorplatten schlanke, hohe Grabsteine aus Stein. Und jeder bosnische Ort hat mindestens einen Baumarkt mit Aufschriften wie *beton centar* oder *betonska galanterija*. Mirsat erklärt, dass der Bau von Wohnhäusern die einzige Möglichkeit war, gleich nach dem Krieg Jobs zu schaffen. Das Kapital stammte großteils von Bosniern, die im Ausland lebten.

Erschöpft von der sechsstündigen Autofahrt erreichen wir das Hotel *Urban* in Bužim. Die Vorfreude auf ein kühles Bier wird leider enttäuscht. Es gibt kein Bier, lediglich eine alkoholfreie Variante, und auch davon nur eine kleine Flasche. Immerhin: Die üppige Grillplatte lässt keine Balkanwünsche offen.

Das Gebiet der Bosanska Krajina war bis zum 15. Jahrhundert Teil des Königreichs Ungarn. Nach der Eroberung der Region durch das Osmanische Reich wurde sie in das osmanische Bosnien eingegliedert und als *Turska Hrvatska* (Türkisches Kroatien) bezeichnet, ehe es um 1860 den heutigen Namen bekam. Die *Bosanska Krajina* bildete über Jahrhunderte das osmanische Gegenstück zur österreichischen Militärgrenze (*Vojna Krajina*), die die Region im Norden und Westen umschloss.

Während wir essen, kommt Rasim Poric an unseren Tisch. Er ist ein weit über die Landesgrenzen hinaus bekannter Imker, der für seine Kastanienhonige viele Auszeichnungen erhalten hat. Später gesellen sich weitere Imker aus dem Ort zur Runde. Die Gespräche drehen sich natürlich rund um die Bienen und das miserable Wetter in diesem Jahr. Mirsat unterhält sich nicht nur, er hält Hof. Er spielt die Rolle des erfolgreichen Exilbosniers, der das Land rechtzeitig verlassen und es so zu etwas gebracht hat.

Die Biografie des 50-jährigen Rasim fällt nüchterner aus: Sein Vater verschwand, als seine Mutter mit ihm schwanger war. Mit 17 Jahren geriet er in den Wahnsinn des Bosnienkrieges und erlitt einen Kopfdurchschuss. Eine kleine Narbe im Gesicht ist ihm geblieben. Mit seiner Frau Sabira und seinen beiden Kindern Hana und Salem bewirtschaftet er den elterlichen Hof etwas außerhalb des Ortes. Um über die Runden zu kommen, arbeitet er in den Wintermonaten als Fliesenleger.

Rasim erzählt, dass er während des Krieges in einer Wiese fünf zurückgelassene Körbe mit Bienen gefunden hat. Das weckte sein Interesse, und er holte sich Rat von erfahrenen Imkern im Dorf. Der Grundstein für seine eigene Imkerei war gelegt.

Da es nach Kriegsende kaum wirtschaftliche Perspektiven gab, haben viele Bosnier nach 1995 das Land verlassen. Rasim zählt zu denen, die geblieben sind, um sich mit großem Fleiß und Geschick vor Ort eine Existenz aufzubauen. Anfangs führte er ein kleines Lebensmittelgeschäft in Bužim. Für seine mittlerweile 40 Bienenvölker blieb ihm nur wenig Zeit. Einige Jahre später machte er die Imkerei zu seinem Hauptberuf und bewirtschaftet nun 200 Völker. Seinen Honig und die übrigen Bienenprodukte verkauft er auf Messen im ganzen Land. In seinem kleinen Hofladen verkauft er neben Honig auch weitere Bienenprodukte wie Pollen und Propolis. Ein weiterer Einkommenszweig des findigen Imkers ist die Produktion von Teilen der Bienenwohnung, für die er auch ein Patent besitzt. Was er anders oder besser macht als seine Imkerkollegen? »Wenn ich zu den Bienen gehe, setze ich mich erst hin, rauche eine Zigarette und überlege, was zu tun ist«, meint der Imker ironisch.

Der Hof liegt in schöner Lage auf einem Hügel. Schafe weiden auf den Wiesen. Ein Teil des Grünlandes dient als Bienenweide und wird später gemäht. Mädesüß blüht in hoher Dichte zwischen den Gräsern und lockt viele Insekten an. Die Bienenstöcke des Imkers stehen in mehreren Gruppen verteilt über den umliegenden Hügeln. Rasim ist auch ein bekannter Züchter von Bienenköniginnen. Dafür wählt er seine besten Völker und stellt sie auf der Terrasse seines Hauses auf, um jederzeit rasch am Arbeitsplatz zu sein. Die Kastanientracht sei für seine Zuchtarbeit wesentlich, erklärt Rasim. Nur jene Völker, die zur Kastanienblüte Mitte Juni am meisten Honig bringen, werden weitervermehrt. Da die Kastanientracht die Bienen grundsätzlich aggressiv macht, sei die Sanftmütigkeit seiner Bienen das zweite Zuchtziel.

Auf seiner Terrasse stehend, weist Rasim auf die Hügel der Umgebung. »Die Edelkastanienwälder sind in höheren Lagen ab 400 Metern auf den Hügelkuppen zu finden«, erklärt der Imker. Mit einem Umkreis von 100 Kilometern ist dieses natürliche Vorkommen der Kastanie eines der größten in Europa. Die Pflanze liebt die Wärme und benötigt für ihr Gedeihen im Frühling viel Wasser. Sie beginnt an den wärmeren Lagen etwas früher zu blühen. An den ersten drei bis fünf Tagen finden die Bienen nur Pollen, die Produktion des Nektars beginnt einige Zeit später. »Die Durchschnittsernte bei Edelkastanienhonig liegt bei etwa 20 Kilogramm pro Volk, in besonders guten Jahren kann man auch 40 Kilogramm erreichen. Wir haben hier keine Linden, die gleichzeitig mit der Kastanie blühen, und an vielen Standorten ist die Kastanie fast die einzige Bienentrachtpflanze«, erzählt er.

Mit etwa 5000 Bienenvölkern ist die Bienendichte in der Großgemeinde Bužim extrem hoch, dazu kommen in der Kastanienblüte noch 2000 Völker von Wanderimkern. Etwa 80 Prozent des Waldes ist in Staatsbesitz, und Bosnien kümmere sich gut um seine Wälder, so der Imker. Zur Bekämpfung des gefährlichen Kastanienrindenkrebses habe auch die EU Geld zugeschossen. Die befallenen Bäume wurden gefällt und nachgepflanzt. Auch der Export von Maroni ist mittlerweile ein wichtiger Wirtschaftsfaktor. Etwa 1000 Tonnen werden alljährlich in die EU exportiert. Einige bosnische Unternehmen haben sich auf die Herstellung von halbgetrockneten Früchten für die Eisproduktion spezialisiert. Seit 1998 hat sich der Exportpreis von damals 0,20 auf zuletzt 1,50 Euro vervielfacht.

Aber das Wetter spielt dieses Jahr verrückt. Auf einen nassen und kalten Frühling folgte ein tropischer Frühsommer. Schwüle Hitze und Gewitter erschweren den Bienen das Sammeln des Nektars. Ein Besuch im Kastanienwald etwas oberhalb des Wohnhauses gerät zum Albtraum. Starke Regenfälle haben tiefe Furchen im Schotterweg hinterlassen. Haufen von Hagelkörnern liegen im Straßengraben und der Weg ist bedeckt mit einem grünen Teppich aus abgeschlagenen Blättern und Blütenständen. Binnen Minuten hat das Hagelgewitter die Erntehoffnungen des Imkers zerstört: Es wird ein bitteres Jahr für die Ernte des bitteren Honigs werden. Ein Glück, dass das

Rasim Poric, Imker.

Hagelunwetter nur einen schmalen Streifen des Waldes getroffen hat.

Stolz präsentiert Rasim die lange Liste an Preisen und Auszeichnungen, die er für seine Honige erhalten hat. Auf die Frage, wie er seinen Kastanienhonig sensorisch beschreiben würde, sagt er: »Eine schwierige Frage. Es ist, als ob du jemanden, der seit 20 Jahren Hühner hält, aufforderst, seine Tiere zu beschreiben.« Doch dann legt er los: »Ein rötliches Braun in der Farbe, in Geruch und Geschmack unverwechselbar. Extrem starker Duft und Aroma, der Bitterton entwickelt sich erst mit der Zeit am Gaumen. Bei reinem Kastanienhonig verschlägt es einem den Atem, weil der Geschmack so bitter ist.« In Pollenanalysen zeigten die Honige aus der Region einen Trachtanteil an Kastanie von bis zu 90 Prozent. Das ist auch der Grund, warum die Kastanienhonige der Bosanska Krajina mittlerweile eine geschützte geografische Herkunft erhalten haben.

Zum Abschied gibt es, auf Empfehlung des Imkers, eine herrliche Forelle im *Restoran Alga* in Bosanska Krupa. Das beliebte Speiselokal liegt direkt am Flussufer der Una. Im türkisfarbenen Wasser stehen einzelne Weiden. Ein Steg ist dekoriert mit weißen Rosen, einem Tischchen und zwei Stühlen. Ein Ort wie geschaffen für ein romantisches Hochzeitsfoto nach Balkanart. Mirsat scherzt mit dem Kellner. Er kennt auch diesen Beruf. Immerhin ist er vor seiner Arbeit in der Baubranche drei Jahre Kellner im Restaurant *Sole* in der Annagasse in Wien gewesen. Die gesamte Opernprominenz von Anna Netrebko bis Plácido Domingo habe er bedient. Sein Filetieren der Fische sei legendär gewesen und habe ihm reichlich Trinkgeld eingebracht. Das Gespräch mit Rasim dreht sich wieder um die Kunst der Bienenzucht und seine Zukunftspläne. Zumindest von seiner (ferneren) Zukunft hat er eine exakte Vorstellung: Im nächsten Leben, so sagt er, möchte er wieder Imker sein.

Bezugsquelle für Edelkastanienhonig

Rasim Poric
Bućevci bb
Bužim
Tel.: +387 61 806 653

Reisetipps

Hotel Urban/Bužim
Restoran Alga/Bosanska Krupa
Restoran Slap/Bosanska Otoka
Una Nationalpark

Landschaft in der Strandscha, Südostbulgarien.

Manna-Honig

Ankunft am südöstlichsten Zipfel Europas. Marija, Petko und Desislava, allesamt Mitglieder der *Bio Bee Farms Strandja Association*, holen uns am Flughafen Burgas ab. Zur Begrüßung gibt es selbst gemachtes Brot von Marija. Der weggeworfene Zigarettenstummel meines Reisebegleiters wird von Desislava nicht goutiert: »That's no good.« Es folgt eine stundenlange Autofahrt durch dichte Wälder in Richtung Süden bis Gramatikovo, einem Dorf in der Region Strandscha. Die Straße ist abgeschirmt von mächtigen Baumkronen. Das häufigste Verkehrszeichen ist die Warnung vor Wildschweinen. Bei der Ankunft ist es weit nach Mitternacht. Ein spektakulärer Sternenhimmel. Die vollkommene Stille der Nacht wird nur gestört vom Geheul der Goldschakale.

In Mitteleuropa weiß man immer noch wenig über Bulgarien. Noch weniger bekannt ist die bulgarische Küche. Die Gastfreundschaft stellt alles bisher auf Balkanreisen Erlebte in den Schatten. Für die bereitgestellte Unterkunft wird keine Bezahlung akzeptiert. Auf eine Essenseinladung folgt die nächste. Im ländlichen Bulgarien gibt es, abgesehen von touristisch erschlossenen Gebieten am Schwarzen Meer, kaum Hotels und Herbergen, zumindest keine, die geöffnet wären. Restaurants sind Mangelware. Die Bewohner von Strandscha kochen zu Hause.

Abendessen bei Marija: Ein 15-jähriger Weinbrand wird zu Ehren der Gäste geöffnet. Es folgen Salat mit geriebenem Käse, Pita – das herrlich duftende Brot aus Weizenmehl, das lauwarm verzehrt wird – und Bohnensuppe. Als Dessert Kuchen, in Ziegenmilch getränkt. Dann die Krönung des Mahls und der Stolz der Imkerin: *Manov med ot Strandja*, der Manna-Eichenhonig aus Strandscha. Ein sehr dunkler, fast schwarzer Honig mit Geruchsaromen von Gerstenmalz und einem charakteristischen Bitterton am Gaumen.

Die Bezeichnung *Manna* taucht bereits in der Bibel auf. Beschrieben wird es im Alten Testament als »etwas Feines, Knuspriges, fein wie Reif« (Exodus 16, 14), das in der Nacht vom Himmel fiel und auf dem Wüstenboden lag, nachdem der Morgentau getrocknet war.

Im warmen Meeresklima von Strandscha gibt es perfekte Bedingungen für die Entstehung von Honigtau. Die hohe Luftfeuchtigkeit der Region in der Nähe des Schwarzen Meeres ermöglicht den Pflanzen ein großes Blattwachstum und günstige Transpirationsverhältnisse. Verschiedene Blattlausarten und vor allem der Eichelbohrer, lat. *Curculio glandium*, saugen den Siebröhrensaft der Eichen aus den Blättern. Ihr Ausscheidungsprodukt, der sogenannte *Honigtau*, ist sehr zuckerreich und wird von den Bienen gesammelt. Er ist der Rohstoff für den begehrten Manna-Honig. Der für dieses Waldgebiet typische feine Nebel sorgt dafür, dass die Honigtautröpfchen lange für die Bienen verfügbar bleiben. Zu starker Nebel oder Regen würden die Tröpfchen vergrößern und von den Blättern spülen. In den Monaten Juni bis August ist der Honigtau der Eiche die Hauptnahrungsquelle der Bienen, da in den Wäldern der Region kaum nektarerzeugende Blüten zu finden sind. Manna-Honig aus Strandscha ist reich an Kalium, Magnesium sowie Lithium und hat einen hohen Anteil an Antioxidantien.

Gramatikovo ist eines der 19 Dörfer der hügeligen Region, die zu 80 Prozent von dichten Eichenwäldern bedeckt ist. Strandscha liegt direkt am Schwarzen Meer und grenzt im Süden an den europäischen Teil der Türkei. Zur besten Zeit zählte Gramatikovo 2000 Einwohner. Heute sind es gerade noch 100. Eine Bar, ein kleiner Laden, eine Bibliothek. Die Dörfer wirken wie Inseln in einem Urwald, die durch schmale, kurvenreiche Straßen miteinander vernetzt sind. Bis zur Auflösung des Warschauer Paktes im Jahr 1991 war hier eine hochgerüstete Militärgrenze zum NATO-Mitgliedsland Türkei.

Am nächsten Morgen besuchen wir den Apollontempel von Mishkova Niva, einen alten thrakischen Kultplatz aus dem fünften Jahrhundert v. Chr. in unmittelbarer Nähe der türkischen Grenze. Steinquader liegen kreisförmig um eine gewölbte Grabstätte. Schwärme von Insekten begleiten uns, Pilze am Wegrand. Den Straßenrand säumen wilde Äpfel und Birnen, die ihre kleinen Früchte abgeworfen haben. Ein Geruch nach vergorenem Obst liegt in der Luft. In den Eichenwäldern zeigt sich Ende September bereits die erste Herbstfärbung. Schlehenbüsche, Sand- und Feuerdorn, Wildpflaumen in allen Farben und Formen. Völlige Stille liegt über dem Wald.

Unter den feuchtwarmen Bedingungen gedeiht in Strandscha eine einzigartige Pflanzenwelt, die der pontischen Flora des Kaukasus und Kleinasiens ähnlich ist. Die ursprüngliche Vegetation des Tertiärs (vor 66 bis 2,5 Millionen Jahren) blieb erhalten, da in dieser Region auch die Kaltperiode des nachfolgenden Quartärs (Beginn vor 2,6 Millionen Jahren) eisfrei blieb. Zu diesen tertiären Relikten zählen auch die beiden bienenwirtschaftlich wichtigsten Eichenarten *Quercus hartwissiana* (Hartwiss-Eiche) und *Quercus frainetto* (Ungarische Eiche). Das hügelige Gelände und Bodenverhältnisse, die eine intensive landwirtschaftliche Nutzung nicht möglich machen, bewahrten diese Region vor der Abholzung ihrer Laubwälder, ein Schicksal, das weite küstennahe Landstriche des Balkans erlitten hatten.

Es folgt der obligatorische Besuch von Bienenständen. Im Auto begleitet uns Desislava, die perfekt Englisch spricht. Sie ist 26 Jahre alt und die jüngste Generation der Imkerdynastie Kaloyanov. Auffallend viele Straßensperren blockieren den Weg, und etliche Fahrzeuge der Grenzpolizei kommen uns entgegen. »Jene Flüchtlinge, die Deutschland will, ziehen hier durch«, meint Desislava während der Fahrt. Bewaffnete Gruppen, die über die grüne Grenze aus der Türkei kommen, würden sich in den besonders unzugänglichen Teilen des urwaldähnlichen Naturschutzgebietes verstecken. Es wäre gefährlich, diese Wälder zu betreten.

Doch nicht nur Migranten, sondern auch Pflanzen wanderten durch die Region. Der Botaniker Lujo Adamović schreibt 1909 in seinem Buch *Vegetationsverhältnisse der Balkanländer:* »Die thrakische Ebene breitet sich vom Gestade des Schwarzen Meeres als eine wellige Hügellandschaft landeinwärts aus. Die Nähe des Meeres und die milde Plastik des Terrains befördern eine erfolgreiche Pflanzenbesiedelung und Einwanderung. Durch den warmen Trichter, dessen Wände im Norden vom Balkan-, im Süden vom Rhodopengebirge gebildet werden, drangen die ostmediterranen Legionen aus Kleinasien bequem und ungehindert ein.«

Die Familie Kaloyanov betreibt die Imkerei bereits in der fünften Generation. Auf einer Waldlichtung treffen wir bei einem Bienenstand Opa Velko. Der 78-Jährige hatte bei der Bienenarbeit früher stets seine Frau Kichka dabei. Es herrschte strikte Arbeitsteilung: Sie bediente den Rauchapparat und löste mit einem Stockmeißel die Waben von der Zarge. Er nahm die Waben aus dem Bienenstock und prüfte Eiablage und Futtereintrag. Mittlerweile unterstützt Velko seinen 54-jährigen Sohn Petko bei der Arbeit an den Bienenstöcken. Velko selbst sitzt auf einem Holzgestell, sein Sohn arbeitet stehend neben ihm.

Der Verein *Bio Bee Farms Association* hat insgesamt 20 Mitglieder, davon sechs aktive Imker mit Biozertifizierung. Ziel des Vereins sei es laut Petko, Verhandlungsstärke gegenüber potenziellen Honigkäufern zu schaffen. Die Erntemenge für Manna-Honig schwankt zwischen drei und 20 Tonnen pro Jahr. Die Vermarktung des Honigs erfolgt unter der gemeinsamen Marke.

Opa Velko verschwindet kurz in einer Hütte und kehrt mit einem graubraunen Objekt zurück, an dem ein Tragegriff aus Draht befestigt ist. Es ist ein sogenannter *trmka*, eine der traditionellen Bienenwohnungen, wie sie bis vor wenigen Jahrzehnten in weiten Teilen des Balkans typisch war: Über ein rundes, oben geschlossenes Geflecht an Weidenruten wurde frischer Kuhmist aufgetragen und zum Trocknen in die Sonne gestellt. Zur Schwarmzeit im Frühjahr wurde das Innere des Bienenkorbes mit Zitronenverbene ausgerieben, da Bienen diesen Geruch lieben. Die Imker schütteten dann einen frisch gefangenen Schwarm in den Korb, drehten diesen um und stellten ihn an einen sonnigen Platz. Die Bienen begannen sofort mit dem Wabenbau und legten ein Brutnest an. Durch einen kleinen Schlitz konnten sie den Korb verlassen und Blütennektar eintragen. Vor der Ernte des Honigs im Herbst wurde der gesamte Korb in Wasser getaucht und die Bienen getötet. Die Waben wurden dann entnommen und der Honig ausgepresst. Der Korb konnte im nächsten Frühjahr wieder für einen neuen Schwarm verwendet werden.

Die Einladung zum Mittagessen bei den Großeltern Velko und Kichka wird zum kulinarischen Großereignis: Auf den Tisch kommen ausschließlich Zutaten aus dem eigenen Garten und Fleisch aus der Region. Hausgemachter Raki und Weißwein aus der Traubensorte *Medovina* sowie Holundersirup werden serviert. Auf Tomatensalat folgt zartes Schweinefleisch mit überbackenen Kartoffeln, dazu Ajvar mit leichtem Rauchgeschmack. Und natürlich Pita. Und Feta, der Salzlakenkäse, der gemeinsam mit dem *Manov med ot Strandja* verzehrt wird.

Desislava, Velko und Petko Kaloyanov, Imker.

Verwendung fand Honig früher fast ausschließlich als Medizin, als Nahrungsmittel war er zu wertvoll, erzählt Velko. Noch heute findet man bei den meisten Honigbeschreibungen von Imkern der Balkanländer in erster Linie Hinweise auf die Heilwirkung des Honigs. Die Frage, ob sich der Geschmack des Manna-Honigs in den letzten Jahrzehnten verändert habe, führt zu einer kurzen, aber heftigen Kontroverse mit Kichka. Opa Velko, der die Frage erst verneint, korrigiert nach Intervention seiner Frau: »Vielleicht ist der Honig etwas heller und weniger intensiv im Geschmack. Schuld daran sind neu zugewanderte Pflanzen wie Akazie, Christusdorn und vor allem der Bastardindigo, der an vielen Wegrändern zu finden ist.« Und die Erntemengen hätten sich geändert. Früher wären 40 Kilogramm Manna-Honig pro Jahr keine Seltenheit gewesen, heute seien es nur noch zehn bis 20. Und er liefert auch gleich eine Erklärung dafür. Der Großflughafen Istanbul liege nur 130 Kilometer von Gramatikovo entfernt. Und direkt über dem Waldgebiet befinde sich die wichtigste Einflugschneise. Die Flugzeuge würden vor der Landung überschüssiges Kerosin ablassen, das mache die Eichen krank. Als das Gespräch auf den idealen Honigpreis kommt, antwortet seine Frau Kichka spontan: »Der beste Preis für ein Kilogramm Honig ist der von ein Kilogramm Butter.« Kurze Irritation tritt auf, nachdem Kichka zur Bejahung einer Frage den Kopf schüttelt. Doch das kleine Missverständnis ist dank unserer professionellen Übersetzerin rasch geklärt. Bulgarien zählt zu den wenigen Ländern, in denen das Schütteln des Kopfes »Ja« und Nicken »Nein« bedeuten.

Velko sagt, er sei verliebt in Bienen. Bienen seien sein Leben. Wenn er die Bienen eine Woche oder länger nicht besucht hat, fühle er sich nicht gut. Er könne nicht schlafen. Mache sich Sorgen um die Bienen. Für Kichka gibt es, wenn sie bei den Bienen ist, nichts anderes im Leben. Sie sei auf einem anderen Planeten. Schwiegersohn Petko, zugleich Obmann des Vereins *Bio Bee Farms*, ist da schon nüchterner, für ihn ist es nicht so, er denke bei der Bienenarbeit eher an das Endprodukt. Und zuletzt ergänzt Jungimkerin Desislava: »Ich mag Bienen, sie sind klein und süß.«

Und noch eine bienenbotanische Besonderheit aus dem Tertiär bietet die Region Strandscha. Im Unterholz der Eichenurwälder gedeiht *Rhododendron ponticum*, ein Strauch, dessen lila Blütenpracht alljährlich im Mai ein Farbspektakel liefert, das Besucher aus aller Welt anlockt. Die von den Bulgaren *zelenika* genannte Pflanze kommt an der gesamten, niederschlagsreichen Südküste des Schwarzen Meeres vor. Der Blütennektar des Pontischen Rhododendron enthält Grammotoxin. Der Stoff ist für Bienen ungefährlich, bewirkt beim Menschen jedoch rauschähnliche Zustände. Als *mad honey*, türk. *deli bal*, ist der dunkelrote Honig mit markantem Bitterton in der Türkei frei erhältlich. In kleinen Mengen gilt *deli bal* dort als nützliches Medikament. In größeren ist es eine psychotrope Substanz. Die medizinischen Vorteile von *deli bal* sind zahlreich. So soll der Honig von *Rhododendron ponticum* dabei helfen, Stress abzubauen und Bluthochdruck, Impotenz, Migräne und Angstzustände zu behandeln. Die maximal erlaubte Menge beträgt jedoch einen Teelöffel pro Tag. Alles darüber hinaus kann Nebenwirkungen wie Herzrhythmusstörungen, Schwindel, Erbrechen, Krämpfe, Angstzustände und in seltenen Fällen sogar den Tod verursachen.

Wie aber gelingt es, den renommierten Manna-Honig zu verkaufen, wenn in den Wäldern ein Strauch blüht, der giftigen Blütennektar liefert? *Med od zelenika*, wie der psychoaktive Honig in Bulgarien genannt wird, gebe es in Strandscha nicht, ist sich Großvater Velko sicher. »Aber vielleicht«, so widerspricht Enkelin Desislava, »ist der *med od zelenika* ja das, was den typischen Bitterton im Manna-Honig von Strandscha ausmacht.«

Bezugsquelle für Manna-Honig

Imkerfamilie Kaloyanov
www.biohoneyzone.com
biohoneybbfsa@gmail.com
Tel. D. Kaloyanov: +359 894 410 774
Mail: desislava_pk_@abv.bg

Reisetipps

Mishkova Niva
Restaurant und Guesthouse
Kovach, Malko Tarnovo

GRIECHENLAND

Vikos-Schlucht, Epirus, Nordgriechenland.

Der Honig aus der tiefsten Schlucht der Erde

Das erstbeste Wirtshaus erweist sich als Glücksgriff. Die Taverne *En Aristi* liegt im Schatten zweier riesiger Platanen. Serviert wird Mittagessen vom Feinsten: delikate Salate, Lamm in verschiedenen Variationen, Moussaka und Bohnenragout. Komfortable Gästezimmer verleiten zu einem erquicklichen Mittagsschlaf. Am späten Nachmittag steigen wir vom Bergdorf Vikos ab in die gleichnamige Schlucht. Zwei gewaltige Felswände öffnen sich in Trichterform, um sich gegen Süden wieder zu verengen. Der Ausblick ist spektakulär, das Rauschen des türkisblauen Flusses atemberaubend. Unten am Wasser befindet sich ein magischer Ort: Auf einer grünen Anhöhe inmitten von üppigem Bewuchs steht eine kleine orthodoxe Kirche. Ein winziger Eingang führt in einen dunklen Raum mit vergilbten Heiligenbildern an den Wänden. Devotionalien liegen auf dem verfallenen Altar. Links und rechts der steingedeckten Kirche befinden sich Nebenräume. Einer davon könnte als Stall gedient haben, ein Kamin in der Wand des anderen vermittelt eher Wohnzimmeratmosphäre: die perfekte Eremitage eines Heiligen. Etwas unterhalb der Kirche tritt Quellwasser aus dem Gestein und fließt direkt in den Fluss. Platanen säumen beidseitig das Flussufer, darunter ein unüberschaubares Gemenge von Schwemmholz und gerundeten Felsen, beides von Moos, Flechten und Efeu überwachsen. Der Fluss Voidomatis gibt nur wenig von seinem Verlauf preis und verschwindet bereits nach ein paar Metern um eine Biegung. Er entspringt im Pindosgebirge und vereinigt sich bereits wenige Kilometer flussabwärts mit dem Aoos. Als Vjosa durchfließt er als letzter gänzlich unregulierter Fluss den Südwesten Albaniens, um bei Vlora ins Ionische Meer zu münden.

Nahe der steinernen Brücke von Koukouli hält ein weißer Jeep älteren Baujahres. In schmalen Lettern prangt der Schriftzug *Nomad Honey* auf der Seite des Wagens, darunter stilisierte Bienenstöcke in einem Fichtenwald, das markante Logo des jungen Imkerpaares. Eleni (39), ihr Mann Vassilis (42), beide eher nordländische Erscheinungen, und ihr dreijähriger Sohn Nicolas mit blonden Locken sitzen im Auto. Die nur wenige Wochen alte Tochter Eftichia ist in der Obhut der Großeltern geblieben. Nach einer kurzen Begrüßung folgt die Aufforderung: »Folgt uns im Auto!« Wie so oft auf Imkerreisen beginnt eine Fahrt ins Ungewisse, die etliche Stunden dauern und uns an Orte führen wird, die nur Einheimische kennen, und in Wirtshäuser, die allen Klischees von »reisen wie damals« entsprechen.

Die Autofahrt bringt uns auf 1450 Meter Seehöhe, ins Bergdorf Vradeto, zu einem der höchstgelegenen Bienenstände Nordgriechenlands. Zwischen vereinzelten Schneefeldern blüht hier Mitte April erst die Kornelkirsche. Die Bienen sind aufgrund der verzögerten Vegetation in diesem Frühjahr noch nicht vor Ort. Sie werden erst Ende des Monats anreisen und voraussichtlich bis Oktober bleiben. Der Wagen hält auf der Schotterstraße, wenige Meter nach dem Ortsende von Vradeto. Eine kleine ebene Wiese ist umgeben von einem Elektrozaun, der die Bären abhalten soll. In etwa einem Kilometer Entfernung befindet sich ein weiterer Stellplatz für Bienen. Wir steigen aus und wandern zum nahe gelegenen Aussichtspunkt *Beloi*. Die Gesteinsplatten sind mancherorts zu hohen runden Türmen geschichtet, dazwischen befinden sich nackte, vegetationslose Stellen mit tiefen Erosionsspuren. Uraltes Weideland, früher von Tausenden Schafen und Ziegen beweidet, neuerdings auch von Kühen.

Da es nach Regen aussieht, wandern wir rasch. Am Aussichtspunkt sind die gefährlichsten Stellen mit einer kleinen Steinmauer gesichert. Wiederum erwartet uns ein schwindelerregender Blick in die etwa 1000 Meter tiefe Vikos-Schlucht, diesmal von Süden.

Vassilis erzählt von seiner Kindheit in einem Dorf des nördlichen Pindosgebirges. Sein Großvater war Zimmermann, in dieser waldreichen Region ein häufig zu findender Beruf. Er erzählt auch von einem Schneebrett, das seinen besten Freund in den Tod gerissen hat. Er wollte eben ein Foto von ihm machen, als die Schneemassen nur wenige Zentimeter vor seinen eigenen Füßen losbrachen. Elenis Großmutter war Schneiderin. Sie zeigt ein Foto. Eleni ist darauf zu sehen, gekleidet in ein prunkvolles blaues Kleid, das ihr die Großmutter geschneidert hat. Sie wird es demnächst zur Taufe ihrer Tochter tragen.

Sobald das Gespräch auf Bienen und Honig kommt, scheint bei Vassilis ein sensibler Nerv getroffen zu sein. Er gerät im Laufe des Nachmittags immer wieder in eine Art mystische Entrückung. Mehrfach entschuldigt er sich für sein schlechtes Englisch. Eleni hingegen stellt eher den pragmatischen Teil des Imkerpaares dar.

»Als wir mit der Imkerei begonnen haben, haben wir viele Standorte ausprobiert. Jetzt kennen wir die Plätze, aber auch wenn der Bienentransport nur von einem Platz zum nächsten geht: Wir transportieren uns immer auch selbst, wir führen ein Nomadenleben«, erklärt Eleni. Und Vassilis ergänzt: »Unser Leben ist dort, wo die Bienen sind. Ich mag das Leben, wenn es kein Heim gibt, wenn es nicht um Besitz geht. Jetzt hier, dann dort, so wie der Wind. Das ist Freiheit. Das ist Freiheit für mich. ›Nomade‹ ist ein griechisches Wort. Wir transportieren unsere Bienen, und wir transportieren uns selbst. Vradeto ist unser allerliebster Platz für die Bienen, wir jubeln vor Freude, wenn wir mit ihnen hierherkommen. Wir werden eins mit dem Ort. Der Platz ist Zuhause, ist Sicherheit.« Das Gespräch wird kurz unterbrochen, der kleine Nicolas ist auf ein Steindach geklettert. Eleni fährt fort: »Vassilis mag es, hier die Schuhe auszuziehen und die Erde zu spüren.« Vassilis, inzwischen zurück mit seinem Sohn, atmet tief durch: »Ich spüre: Das ist es … die Gegenwart, es ist wie Elektrizität!« Er atmet erneut tief durch. »Ich fühle mich sicher, zu Hause, wir sind Teil dieses Ortes.«

Epirus liegt im Nordwesten Griechenlands. Es ist die Region mit den höchsten Niederschlägen und den wenigsten Touristen. Die meisten Honige, die in dieser großteils gebirgigen Zone gewonnen werden, sind multifloral. Eichen- und Erikahonige gibt es hier reinsortig, außerdem in den Ebenen noch Honige aus Feldkulturen, wie z. B. Orangenblüten- und Baumwollhonig, gewonnen. Die Imkerei ist allerdings nicht so bedeutend wie etwa in Chalkidiki, Thasos oder Euböa, wo auch der ertragreiche Pinienhonig gewonnen werden kann. Die Wetterverhältnisse hier sind instabil. Die Zahl der Imker ist klein, und die Honigerträge sind gering.

Warum also transportiert man Bienen an einen so abgelegenen Ort? In der Vikos-Schlucht treffen mediterrane Klimazone, Hochgebirgslage, hohe Niederschläge und Höhenunterschiede von 1 000 Metern auf engem Raum aufeinander. Die Region war Rückzugsgebiet für viele Pflanzen während der Eiszeiten. Botaniker haben in der Schlucht 1 700 Pflanzenarten gezählt, davon 360 direkt an unserem Fußweg vom Bienenstand bis hierher zum Aussichtspunkt. Nirgendwo anders in Griechenland haben Bienen eine derart große Auswahl an Trachtpflanzen. Was wäre ein fairer Preis für diesen besonderen Honig? »Honig ist die Seele dieser Pflanzen und der Landschaft«, sagt Vassilis. »100 Euro müsste ein Kilogramm kosten, weil guter Honig rarer ist als Gold.«

»Wir sind beide ausgebildete Ingenieure«, erzählt Eleni. Vassilis hat bei verschiedenen Projekten mitgearbeitet, unter anderem am Bau der Athener U-Bahn. Eleni hat den Abschluss ihres Masterstudiums in England gemacht. Zu den Bienen kam Vassilis durch die Äbtissin des Klosters Kastritsa in der Stadt Ioannina. Mit ihren 85 Jahren kümmerte sie sich immer noch um 50 Bienenvölker. Vassilis half ihr immer wieder bei der Bienenarbeit. »Kannst du das halten, kannst du mir das machen …« Und eines Tages sagte sie: »Komm Vassilis, nimm zwei Bienenvölker!« »Nein«, hat Vassilis gesagt, »ich habe keine Zeit, ich kann mich nicht um Bienen kümmern«. Einige Zeit später sagte sie nochmals: »Nimm die Bienenvölker und meinen Segen!«

Als Eleni ihren späteren Ehemann am Arbeitsplatz kennenlernte, hatte er bereits die Bienen. Vassilis' Erzählungen und viele Besuche an Bienenständen überzeugten sie schließlich, es auch mit Bienen zu versuchen. Das Paar heiratete und absolvierte gemeinsam eine Imkerausbildung an der Aristoteles-Universität in Thessaloniki. Nach weiteren vier Jahren gaben beide ihre technischen Berufe auf und stürzten sich in das neue Leben als Berufsimker. Ihr Unternehmen *Nomad Honey* hat inzwischen 300 Bienenvölker. Geplant ist, die Völkerzahl in den nächsten Jahren auf 400 bis 500 auszuweiten, da Vassilis' Bruder ebenfalls in das Unternehmen einsteigen möchte. »Wir sind und bleiben ein Familienunternehmen«, sagt Eleni. »Only family hands.«

An ihrem Standort am Rande der Vikos-Schlucht ernten Eleni und Vassilis Mitte Juni den Wildblütenhonig. Ende August folgt dann der Honig von Mannstreu, einer Distelart, die ihre Hauptblüte in den trockenen Sommermonaten hat. Der Eichenhonig stammt von einem etwas tiefer liegenden Bienenstand in der Nähe. Einen Teil der Bienen bringen die Imker in die Pinienwälder bei Kanallaki am Ionischen Meer, etwa 50 Kilometer südwestlich von Ioannina. Der Honigladen und die Verarbeitungsräume befinden sich, so wie auch ihre Wohnung, in Katsikas, einem Ort in der Nähe von Ioannina.

In Vradeto gibt es neben den Nomadenimkern noch Platonos, den alten Imker im Dorf. Er ist Vassilis Vorbild und Lehrmeister. Er schwärmt von Platonos ruhiger Art und Weise, seiner Arbeit bei den Bienen nachzugehen: »Okay, Vassilis, ruhig! Nimm das hier! Und jetzt mach das! Ruhig!«

Wie Platonos arbeiten auch die Nomadenimker ausschließlich mit der Makedonischen Biene, *Apis mellifera macedonica*. Das natürliche Verbreitungsgebiet dieser geografischen Bienenrasse erstreckt sich von der Adria bis zum Schwarzen Meer und weiter bis in die Ukraine. Die *Macedonica* ist kleiner und vor allem schlanker als die im südöstlichen Alpenraum verbreitete *Carnica*, gehört jedoch ebenso wie diese zu den »grauen« Bienen. Die Makedonische Biene gilt als sehr sanft, hat eine geringe Schwarmneigung und rotzdem relativ starke Völker. Im Spätsommer bildet sie nur noch wenig Brut und überwintert in großen Kolonien.

Über die Arbeitsverteilung des jungen Imkerpaares sagt Eleni: »Wir sind beide Imker. Vassilis sagt, ich bin professioneller, ich weiß alles. Er sagt, ich kenne jedes Bienenvolk.« Über Vassilis Zugang zu Bienen meint sie: »Er spürt, was die Bienen brauchen, aber oft ist er gestresst. Es ist wirklich schlecht, wenn er gestresst ist. Ich mache dann die Arbeit mit den Bienen, und er bringt mir die Rähmchen. Oder er macht andere Hilfsdienste. Aber bei uns gilt immer: Der eine ist die Hälfte des anderen.«

Vradeto ist eines der 50 Bergdörfer der Gemeinde Zagori. Der kleine Ort war bis 1970 nur durch eine Steigtreppe mit 1100 Stufen erreichbar. Sanfter Tourismus in allen Entwicklungsstufen prägt die Ortschaften von Zagori, und das in unterschiedlicher Weise. Aristi mit seinen komfortabel ausgebauten Gästehäusern empfängt

Eleni, Nicolas und Vassilis, Imkerfamilie.

70 Prozent seiner Besucher aus Israel. Papigo und das etwas höher gelegene Mikro Papigo zieht Kletterer und Wandertouristen an, die auf den 2436 Meter hohen Astraka steigen. In Vikos und Koukouli treffen sich deutsche Camper. Das hochgelegene Vradeto hingegen scheint vom Tourismus noch weitgehend unberührt.

Was allen diesen Orten gemeinsam ist: strenge Auflagen beim Hausbau und bei der Renovierung von Altbauten und damit ein einheitlicher Baustil. Die Häuser werden ausschließlich mit Stein gedeckt. Polymorphe Neubauten sucht man vergebens, und es gibt auch kaum verfallene Ruinen. Selbst die Neubauweise der Häuser ist erstaunlich. Auf ein Betongerippe wird eine Isolierung von Styropor geklebt, die Fassade anschließend mit Stein verkleidet. Insgesamt entsteht ein homogenes Erscheinungsbild ohne Bausünden. Die Straßen sind autofrei, die Parkplätze befinden sich am Ortsrand. Die Dörfer locken mit einer hohen Dichte an Kaffeehäusern und Restaurants, die ausnahmslos sehr einladend wirken. Hühner-, Esel- und sonstige Tierhaltung rücken gemeinsam mit weiteren Spuren des Alltagslebens an die Peripherie der Dörfer. So entsteht Raum für touristische Romantik samt der dafür notwendigen Infrastruktur.

Einladung zum Mittagessen in die Dorftaverne *Die Stufen von Vrade-*

to: Die kleine Wirtsstube wirkt wie eine Almhütte vor 100 Jahren, ein kleiner zylinderförmiger Ofen spendet Wärme und dient als Toaster. Gebratene Wildschweinwurst steht auf der Tageskarte, dazu warmes, saures Gemüse und Bohnenragout, Fetakäse und eine Schüssel würziges Joghurt in kompakter Konsistenz. Die Speisenauswahl lässt erahnen, dass die Zutaten zu diesem köstlichen Mahl keine weite Reise hinter sich haben. Im Winter ist der Wirt der einzige Bewohner des Dorfes und vertreibt sich die Zeit mit dem Destillieren von Schnaps, dem bekannten *Tsipouro*.

Höhepunkt und Abschluss des Mittagessens ist die Verkostung dreier Nomadenhonige. Überraschend dunkel ist die Farbe des Frühlingsblütenhonigs aus der Vikos-Schlucht. Die intensiven floralen Aromen lassen eine Nähe zur mediterranen Flora erahnen. Der später geerntete Honig von Mannstreu ist noch eine Spur dunkler. Eine delikate, feine Säure und zarte Aromen von Menthol verleihen dem Honig eine charmante Harmonie und halten sich lange am Gaumen. Die Würze von Gerstenmalz prägt den Geruch des Eichenhonigs. Aromen von dunklem Bier mit zarten Bittertönen folgen im Geschmack.

»Die Biene ist für mich etwas wirklich Wildes und trotzdem so etwas wie Familie. Die Biene ist beides, sie ist wild und sie ist Familie«, sagt Eleni. Auf die Frage nach der Bedeutung der Bienen für Vassilis atmet dieser tief durch und sagt dann: »All die Traurigkeit und all die Fröhlichkeit im Leben zusammen. Wenn es unseren Bienen nicht gut geht, können wir auch nicht glücklich sein. Wenn wir zum Bienenstand kommen und die Bienen sind gesund und produktiv, dann ist alles perfekt. Es ist wie der Kuss meines Sohnes.« Er ergänzt: »Nein, aber das Wirtschaftliche ist nicht Teil dieser Fröhlichkeit, es ist etwas anderes. Man hat zu überleben, aber es ändert nichts an der Fröhlichkeit.« Vassilis springt plötzlich auf und zieht seine leeren Hosentasche heraus: »Meine Säckel sind voll von Fröhlichkeit, aber nicht mit Geld, nur voll von Fröhlichkeit.«

Und wo beginnt der Balkan? Dazu Eleni: »Viele Leute sagen, dass rein geografisch Griechenland Teil des Balkans sei, aber die meisten Griechen und auch ich selbst sagen, wir können nicht Teil des Balkans sein, wegen der Kultur und der Sprache. Griechenland hat eine griechische Kultur, die sehr alt ist. Und das unterscheidet uns vom Balkan. Wir sind vielleicht in der Nähe des Balkans, aber nicht am Balkan.«

Auf die Zukunftspläne angesprochen, meint Eleni: »Wir möchten irgendwann den Honigladen und die Wohnung in Ioannina aufgeben und in die Berge ziehen. Das Problem ist leider: Es gibt hier keine Schule für unsere Kinder.« Vassilis hingegen träumt davon, 70 Jahre alt und immer noch aktiver Imker zu sein. Um dann mit 80 die Bienen auf den Rücken zu nehmen und zu fliegen. Und er möchte im Alter ganz so sein wie sein Imkervorbild Platonos: ruhig und stolz.

Bezugsquelle für Nomad Honey	Reisetipps
Eleni Plachura & Vassilis Ritas Eth. Antistaseos 143 45221, Katsikas, Ioannina Epirus www.nomad-honey.gr Tel.: +30 6944 836 488 Mail: info@nomad-honey.gr	Restaurant En Aristi/Aristi Restaurant Die Stufen von Vradeto/ Vradeto Astra Inn & Restaurant/Papigo

HERZEGOWINA

Dalmatinischer Goldregen, lat. *Petteria ramentacea.*

Goldregenhonig

Die Reise in die Herzegowina stand von Anfang an unter keinem guten Stern. Der Kontakt mit den Imkern hatte sich von Beginn an schwierig gestaltet. Am Tag der Abfahrt war das Wetter nass, windig und viel zu kalt. Zuletzt hatte uns auch der Imker Željko Bajović aus Bileća versetzt. Als Željko dann doch mit zwei Stunden Verspätung erschien, war der eigentliche Grund der Reise, sein Goldregenhonig, restlos ausverkauft. Aber alles der Reihe nach.

Ein kalter Nordwind empfängt uns in Bileća, einer Stadt mit 4000 Einwohnern in der Republika Srpska, direkt an der Grenze zu Montenegro. Schulen gibt es hier, eine Kaserne, doch wenig Gewerbe, viele Polizisten, doch keine Industrie und vor allem keine Arbeitsplätze. Die Jungen gehen zur Armee oder wandern aus. *Jugonostalgija* scheint das dominante Lebensgefühl zu sein. Symbol dafür ist das Veranstaltungszentrum der Stadt. Es stammt aus der Zeit des jugoslawischen Brutalismus. Etwas in die Jahre gekommen ähnelt es inzwischen einer zerdrückten und halb verrosteten Konservenbüchse. Auf dem Platz davor prangt ein Denkmal mit rotem Stern.

Am vereinbarten Treffpunkt finden wir eine Art Greißlerladen mit angeschlossenem Agrarmarkt vor. Vom Imker fehlt jede Spur. Eine Verständigung mit der Verkäuferin ist mangels unserer Sprachkenntnis nicht möglich. Wir flüchten vor der Kälte ins Internetcafé *Illegal*, eine Bar, die hauptsächlich von Uniformierten der örtlichen Kaserne frequentiert wird. Zweifel an der Sinnhaftigkeit der Reise kommen hoch. Ein letzter Versuch einer Kontaktaufnahme: eine E-Mail-Nachricht, dass wir jetzt ins Restaurant *Jezero* am Bilećasee fahren.

Der wunderbare Blick auf den See und das hervorragende Essen im Restaurant lassen uns alle Unannehmlichkeiten vergessen und bereits Pläne für die Rückreise nach Montenegro schmieden, als plötzlich eine Antwort eintrifft: »Sorry for misunderstood, we will come to restoran *Jezero*.« Der Imker Željko Bajović und sein Schwiegersohn sitzen zu diesem Zeitpunkt bereits am Nebentisch.

Als die Herzegowina gegen Ende des 19. Jahrhunderts unter die Kontrolle Österreich-Ungarns geriet, entdeckten die Besatzer den Reichtum und die Qualität des herzegowinischen Honigs. 1884 wurde eine Imkergenossenschaft gegründet, um Honig für den Export nach Wien bereitzustellen. In den folgenden Jahren wurde nahezu die gesamte Honigernte des Landes nach Wien geliefert und in der gesamten Monarchie verkauft. Nach Archivdaten der Stadt Trebinje betrug die exportierte Honigmenge allein im Jahr 1900 über zehn Tonnen.

Die Herzegowina ist der südliche Landesteil des Staates Bosnien und Herzegowina. Das Klima ist in Küstennähe mediterran. Die Winter sind mild, fast ohne Schnee, aber niederschlagsreich. Die Sommer sind sehr heiß und trocken. Der nördliche Teil der Herzegowina ist gebirgig. Durch die Rodung der ursprünglichen Eichenwälder und die ständige Beweidung des Buschwaldes entstanden große Flächen, an denen der stark verwitternde Kalk an die Oberfläche trat. Ein Großteil des Landes ist heute verkarstet.

Die wichtigsten Bienentrachtpflanzen des herzegowinischen Karstes sind Salbei, Christusdorn, Heidekraut und vor allem der Dalmatinische Goldregen, lat. *Petteria ramentacea.* Der Goldregen ist ein endemischer Schmetterlingsblütler, dessen Verbreitungsgebiet von der dalmatinischen Küste bis nach Albanien reicht. Die Pflanze mit den auffälligen gelben Blüten wird im Bosnischen auch als *Tilovina* oder *Zanovet* bezeichnet. Die Hauptblütezeit ist im April, und in manchen Jahren können reinsortige Honige gewonnen werden. Der Goldregen ist so etwas wie eine Symbolpflanze des herzegowinischen Karstes. Die Wurzeln dringen tief ins Kalkgestein, binden den Boden und schützen ihn so vor Erosion. Die Pflanze kommt daher in Wiederaufforstungsprojekten zum Einsatz. Die Blätter und Samen des Goldregens enthalten Cytisin und sind giftig. Über eine mögliche Giftigkeit des Honigs liegen keine wissenschaftlichen Angaben vor.

Željko Bajović startete seine Imkerei mit zwei Bienenstöcken im Jahr 1996 im Dorf Baljci. Davor hatte er in der Verwaltung eines Industriebetriebes gearbeitet, der mit dem Bosnienkrieg in Konkurs ging. Damit hatte er seinen Job verloren. Schon sein Vater hatte 40 Bienenvölker. Heute ist Željko mit 400 Bienenvölkern der größte Wanderimker der Herzegowina. Seine Bienen bringt er im späten Frühling in die Bergregion um Gacko. Im Herbst kommen sie dann zurück ins mildere Klima um den Bilećasee. Reinsortige Honige erntet er vom Goldregen, Heidekraut und Salbei. Die meisten Honige, die er verkauft, sind jedoch multifloral. Željko ist stolz auf die insgesamt 200 Arten von Bienentrachtpflanzen, die hier vorkommen und dem herzegowinischen Honig eine besondere Komplexität verleihen. In manchen Jahren gibt es auch Eichenhonig und Waldhonig aus dem Gebirge.

Wir fahren zu einem nahen Steinbruch, der direkt am Ufer des Bilećasees liegt. Hier hat Željko einen seiner großen Bienenstände. Am Wegrand steht der Goldregen Anfang April am Beginn seiner Blüte. »Wir haben Erträge von nur sieben bis acht Kilogramm pro Jahr«, erzählt der Imker. »Im Sommer hat es hier am See bis zu 40 Grad. Zu diesem Zeitpunkt sind die Bienen im Gebirge. Hier ist alles verdorrt und es gibt keine Blüten.« Er fügt ironisch hinzu: »Eigentlich machen wir Honig aus Stein, wir quetschen die vielen Steine aus.«

Wie er einen typischen Goldregenhonig charakterisiert? »Dunkel, stark kristallisiert mit hohem Mineralstoffgehalt. Fast wie Waldhonig.« Für heuer ist er völlig ausverkauft. Als er unsere Enttäuschung bemerkt, verspricht er, einige Gläser des Goldregenhonigs nach Abschluss der diesjährigen Ernte zuzusenden.

In den 20 Jahren, in denen er Imker ist, hat Željko Bajović noch nie eine Situation wie im Frühling 2019 erlebt. Alles hatte in der Herzegowina auf eine gute Honigsaison hingedeutet. Der Goldregen war in Vollblüte, die Völker stark, und dann kam der Regen. Tagelang hat es geregnet, und die Bienen begannen zu schwärmen, alle zugleich. »An einem Tag habe ich 20 Schwärme

Željko Bajović (rechts) und sein Schwiegersohn, Imker.

gefangen«, erzählt er. »Damit bin ich reif für das Guinness-Buch der Rekorde! Ich habe das Jahr mit 400 Völkern begonnen und mit 500 beendet. Der erste Schwarm kam bereits am 25. April.«

Das Fangen von Schwärmen wurde in den Ländern des Balkans traditionellerweise von alten Riten und Gebräuchen begleitet. Manche Imker zerrieben Zitronenmelisse in ihren Händen, in der Hoffnung, dass sich ein Schwarm dort niederlassen könnte. Andere streuten Sand oder Staub in den Bienenschwarm oder sprühten Wasser darauf, um Regen zu simulieren und den Schwarm damit zur raschen Landung zu bringen. Wieder andere setzten auf Lärm. Sie schlugen auf metallene Töpfe und lockten Bienen mit ihrer Stimme, wie etwa in einer Szene des Dokumentarfilms *Honeyland* gezeigt wird. Was Željko von diesen Bräuchen hält? »Unsinn«, meint er kurz, aber entschieden.

»Imkerei war meine Leidenschaft, jetzt ist es ein Job, nur noch ein Job«, fügt er lapidar hinzu. Auf die Frage, was Željko machen würde, wäre er kein Imker, denkt er kurz nach. Dann huscht ein kurzes, aber bitteres Lächeln über seine Lippen. Es folgt ein vielsagendes Schweigen und dann die kurze, aber mehrdeutige Antwort: »Politik!« Was zwischen 1992 und 1995 in Bosnien passierte? »Komplett verrückte Dinge!« Schweigen und wieder ein mehrdeutiges Lächeln. Weitere Nachfrage zwecklos.

Dann ergänzt er unvermutet: »Verrückte Dinge, es war eine verrückte Zeit. Es dauert mindestens fünf Tage, um das alles zu erzählen. Wenn du mehr wissen willst, musst du mindestens fünf Tage bleiben.«

Bosnien-Herzegowina war einer der Hauptschauplätze des Jugoslawienkrieges, der 1995 mit dem Friedensabkommen von Dayton beendet wurde. Dem Vertrag nach blieb Bosnien-Herzegowina ein selbstständiger Staat mit zwei ethnisch getrennten und politisch weitgehend unabhängigen Teilen, der muslimisch-kroatischen Föderation und der Republika Srpska. Die politischen Spannungen zwischen den beiden Bevölkerungsgruppen halten bis heute an. Von den insgesamt über zwei Millionen Vertriebenen ist bisher nur die Hälfte zurückgekehrt; ein Drittel davon in Gebiete, die nicht von ihrer Volksgruppe verwaltet werden. Anstatt der früheren Durchmischung leben heute viele Bosnier und Serben in ethnisch reinen Gebieten. Und bis heute herrscht politische und wirtschaftliche Agonie.

Ein Blick weiter zurück in die Geschichte erklärt noch eine weitere Eigenheit des Landes. Wie viele andere Länder des Westbalkans wurde Bosnien-Herzegowina gegen Ende des 15. Jahrhunderts vom Osmanischen Reich erobert. Große Teile der Bevölkerung konvertierten zum Islam. Mit dem Rückzug der Osmanen gegen Ende des 19. Jahrhunderts kam es in Bosnien, im Gegensatz zum Nachbarland Montenegro, zu keinem bewaffneten Kampf um politische Selbstständigkeit. 1878 wurde das Land auf dem Berliner Kongress unter österreichische Verwaltung gestellt und 1908 von Österreich-Ungarn annektiert. Ab 1918 war Bosnien-Herzegowina Teil des Königreiches Jugoslawien.

Die Herzegowina ist ein Land der Stauseen, der gefluteten Dörfer und der umgesiedelten Klöster. Titos Plan, das Land mit Hilfe der Wasserkraft von einer bäuerlichen Vergangenheit in eine glorreiche industrielle Zukunft zu katapultieren, forderte seine Opfer. Bevor der Damm gebaut wurde und das Wasser des Flusses Trebišnjica das Tal versenkte, wurden die umliegenden fünf Dörfer Panik, Orah, Čepelica, Zadublje und Miruše evakuiert. Sämtliche Häuser, Bauernhöfe, Friedhöfe und Kirchen verschwanden in den Fluten. Unter Wasser gesetzt wurden auch das Kosijerevo-Kloster und die berühmte archäologische Stätte Leusinio aus der Römerzeit.

»Am Grund des Sees existiert eine ganze Welt, die viele Geheimnisse birgt«, lautet der Slogan eines örtlichen Touristikunternehmens, und weiter: »Es gibt keinen besseren Weg, sie zu entdecken, als beim Tauchen.« Kein Wunder, dass der Bilećasee und seine Unterwasserdörfer langsam, aber sicher zu einem beliebten Ziel für archäologische Taucher werden. Eine Analogie drängt sich auf: Auch die Bewohner des Landes scheinen ein Geheimnis aus der jüngeren Geschichte zu verbergen, in das einzudringen nicht so einfach ist. Und noch eine zweite: Der Nationalismus ist wie der Goldregen. Die Wurzeln dringen tief in den Boden und halten das poröse Gestein fest. Die Früchte jedoch sind giftig.

»Ein Reisender möge sich vor Enthusiasmus hüten, wenn er welchen hat und vor allem, wenn er keinen hat«, schrieb der preußische Militärattaché Helmuth von Moltke im Jahre 1835 in einem Reisebericht über den Balkan. Wir warten inzwischen noch auf die versprochene Zusendung des Honigs.

Bezugsquelle für Goldregenhonig

Pčelarstvo Bajović
Željko Bajović
Kralja Petra Oslobodioca I broj 9
89230 Bileća
pcelarstvo-bajovic.com
Mail: pcelarstvo.bajovic@gmail.com

Bestellungen aus Bileća:
Tel: 065 213 169 & 065 897 307
Aus anderen Städten:
Tel: 065 485 873 & 066 246 688

Bienenstöcke im Sharr-Gebirge, Südkosovo, im Hintergrund die Stadt Prizren.

Die Bienenkönigin

Das Eintreffen im charmanten Hotel *Prizreni*: Ein Kellner übernimmt den Autoschlüssel und verschwindet mit dem Wagen in den engen, steilen Gassen der Altstadt. Der weinumrankte Balkon des Zimmers geht auf einen belebten Platz direkt hinter der Sinan-Pascha-Moschee. Dort sind die Tische des Cafés *Konaku* über mehrere Terrassen verteilt. Das Café ist gut besucht. Die meisten Gäste trinken *çay* und knabbern dazu Salznüsse. Ein Brunnen rauscht, der Ruf des Muezzins überlagert die Geräuschkulisse und wechselt sich ab mit dem Donnern eines aufziehenden Gewitters.

Die Restaurantempfehlung des Kellners entpuppt sich, ebenso wie die Bewertung auf Tripadvisor, als Touristennepp der übelsten Art. Im Restaurant *Hani y Vjeter* wird die traditionelle Grillplatte zum kulinarischen Albtraum. Das Lammfleisch ist vorgekocht und aufgewärmt, die Kartoffeln sind glasig und ohne Geschmack. Die dazu servierten Byrekstücke bestenfalls von vorgestern. Selbst das »homemade Ajvar« kann der Konkurrenz aus dem Diskonter nicht das Wasser reichen. Dazu kommt noch drückende, schwüle Hitze. Eine bettelnde Katze schafft Abhilfe.

Die Flaniermeile von Prizren, der zweitgrößten Stadt des Kosovos, ist in den Sommermonaten bei vielen Besuchern mit Migrationsvordergrund ein beliebtes Ziel. Das Arbeitsjahr verbringen viele Kosovo-Albaner mit harter Arbeit auf Baustellen oder als Handwerker in den Städten Mitteleuropas, vorzugsweise in der Schweiz oder in Deutschland. Der alljährliche Besuch bei der Familie wird dann abends durch das Flanieren in der osmanisch geprägten Altstadt von Prizren gekrönt. Große dunkle Wagen mit Schweizer Kennzeichen gelten als Symbol für besonderen wirtschaftlichen Erfolg und werden gut sichtbar in Restaurantnähe geparkt. Um viele Tische wuseln zwei oder mehrere Kinder, die ein Gemisch aus Deutsch und Albanisch sprechen. Balkanpop dröhnt in der Endlosschleife aus unzähligen Lautsprechern.

Und noch eine Attraktion bietet Prizren. Die Adem-Jashari-Straße am Rande der Altstadt gilt als heißer Tipp für Heiratswillige aus dem gesamten Südbalkan. In zahlreichen Juwelierläden liegt Goldschmuck bereit. Gleich daneben werden Brautkleider feilgeboten. Günstigere, in zeitgemäßem Glitzerlook, oder prächtige Kleider, traditionell mit aufwendigen Stickarbeiten überzogen, dafür ohne Preisangabe. Ein Hochzeitsfest im Kosovo kann, abhängig von der finanziellen Situation des Bräutigams, bis zu sieben Tage dauern. Die Braut zieht sich dabei vielfach um. Geldgeschenke der Gäste sind üblich, um die teils beträchtlichen Kosten einer solchen Feier zu decken. Die Hochzeitsindustrie ist ein bedeutender Wirtschaftsfaktor des kleinen Balkanlandes.

Frühmorgens treffen wir Shqipe Shala (36) und ihren Ehemann Liridon (37) in einem Café der Stadt an der Ausfahrtsstraße Richtung Westen. Das Video einer NGO hatte unser Interesse geweckt. Es zeigt eine rotblonde Imkerin mit Sommersprossen bei der Bienenarbeit in den Bergen des Nationalparks Sharr im Süden des Kosovo. Das Besondere: Shqipe ist der Boss des Unternehmens *Bletaria Etniki* mit mittlerweile fast 300 Bienenvölkern. Ihr Ehemann Liridon ist ihr Angestellter, eine Konstellation, die im ländlichen Kosovo und selbst weit darüber hinaus nicht gerade üblich ist.

Wie fast immer bei Imkerbesuchen gerät die Fahrt zu den Bienenständen zum Abenteuer und ermöglicht so nebenbei Einblicke in die Biografie. Shqipe hat ihre Bienen auf vier Standorte in den Bergen des Sharr-Gebirges, wenige Kilometer südwestlich von Prizren, verteilt.

Der Roadtrip beginnt an einem Ort namens Poslishë. Hier ist der

Platz für etwa 80 Jungvölker, ein Erdbeerfeld und einen riesigen Folientunnel, der die Großfamilie mit Gemüse versorgt. Shqipe erzählt von Plänen, hier ein Gebäude für Apitherapie und eine Honigverkaufsstelle zu errichten. Auch ein Fischteich und ein Streichelzoo sind in Planung. Und sie möchte hier Workshops für Imkerei abhalten, sowohl für Erwachsene als auch für Kinder.

Shqipe stammt aus einer bäuerlichen Familie in der Umgebung. Die Liebe zum Gemüsebau hat sie von ihrem Vater geerbt. Die Bienen kamen erst später. Ein Glas Honig auf dem Bauernmarkt von Prizren habe sie derart begeistert, dass sie sich fragte: Ich kann vieles, aber warum keinen Honig machen? Sie nahm Unterricht bei einem Imker und kaufte ihre ersten Bienen im Winter. Ein Fehler, wie sich bald herausstellte. Sie gab nicht auf. 2010 hatte sie ihre erste Ernte: 36 Kilogramm goldgelben Honig. Der Erlös war bescheiden und wurde sofort wieder investiert. Ihr Start als Geschäftsfrau und Berufsimkerin war im patriarchalischen Umfeld des muslimischen Kosovos alles andere als einfach. »Was ein Mann kaum schafft, kann eine Frau sowieso nicht erreichen.« Solche oder ähnliche Sprüche bekam sie ständig zu hören.

Ihr Ehemann Liridon spricht fließend Italienisch. Er arbeitete fast vier Jahre als Installateur in Lugano. Er ist eines jener handwerklichen Multitalente, ohne die längst keine Baustelle in den Städten Mitteleuropas mehr funktionieren würde. Liridon ist voll von Plänen und Projekten und so nebenbei Erfinder von allerlei nützlichem Gerät für die Imkerei. Er zeigt ein Foto von einem selbst gebauten Wanderwagen für Bienenstöcke, dann ein weiteres von einem schmiedeeisernen Stiegengeländer, natürlich selbst gebaut. Neben dem Geländer ist eine Stiege mit beheizbaren Stufen. Ein wärmendes Geschenk an seine Frau, die auf der Stiege sitzend zu telefonieren pflegt.

Der Bauernhof von Liridons Eltern ist im Nachbarort und dient im Sommer als Ferienwohnung. Das Ehepaar hat drei Kinder und lebt wegen der besseren Bildungsmöglichkeiten in der Stadt Prizren. Der Arbeitsalltag des Ehepaares beginnt früh. Nach nur vier bis fünf Stunden Schlaf pro Nacht macht sich Liridon um vier Uhr morgens auf den Weg in die Arbeit. Er wartet die Maschinen in vier Fabriken. Nur von der Imkerei zu leben, geht sich für die Familie nicht aus. Zu klein sind die Honigerträge von durchschnittlich nur zwölf Kilogramm pro Volk und Jahr. Und viel zu hoch die Lebenshaltungskosten. Shqipe fährt meist alleine zu den Bienen, nur wenn schwere Arbeit zu leisten ist, kommt auch ihr Mann.

Mittlerweile hat sie es geschafft. Die Imkerin ist weit über die Region hinaus bekannt. »So skeptisch die

Shqipe Shala, Imkerin.

Männer damals auch waren, heute kommen sie und fragen mich um Rat«, sagt Shqipe lächelnd. Sie wird zu Vorträgen über Imkerei im ganzen Land eingeladen und gibt auch telefonisch Rat. Ein besonderes Anliegen ist ihr die Bienenarbeit mit Kindern. Und sie freut sich auch sehr darüber, dass weitere Frauen inzwischen ihrem Beispiel folgen und ihr eigenes Geld mit der Imkerei verdienen.

Der Weg zum zweiten Bienenstand, etwas höher in den Bergen gelegen, wird gleich zweimal blockiert. Erst durch einen Schotterhaufen, der neben einer Baustelle auf den Weg gekippt wurde. Liridon nimmt eine Schaufel zur Hand und ebnet einen Teil des Schotterhaufens, seine Frau fährt millimetergenau am seitlichen Baustellengitter vorbei. Ein zweites Mal durch eine Schildkröte, der die Imkerin souverän ausweicht. Der letzte Teil des Weges gleicht einem ausgetrockneten Bachbett. Gekonnt manövriert der alte Suzuki-Allrad durch knietief ausgeschwemmte Furchen. Der trockene Kommentar des Ehemanns am Beifahrersitz: »Ich habe Vertrauen in die Fahrkünste meiner Frau.«

Wir erreichen den Bienenstand *Radeisht*, hoch in den Bergen über Prizren. Das Imkerpaar hat hier mit den Ersparnissen etwas Land von einem Bekannten gekauft und mit Kastanien bepflanzt. Auf eigene Kosten hat Liridon einen Weg zu den

Bienenstöcken angelegt. Er arbeitete wochenlang mit einem Stromgenerator und einem Kompressor. Was er mit dem Presslufthammer nicht schaffte, erledigte ein Freund mittels Sprengung.

Liridon zeigt uns eine Stelle am Wegrand, aus der armdick Wasser strömt, das von den Bienen auf den feuchten Steinen gesammelt wird. Etwas weiter oberhalb beugt er sich über einen schmalen Spalt im Felsen. Kalte Luft strömt heraus, von fern ist dumpfes Wasserrauschen zu hören. Beim Wegebau hat er zufällig diese Quelle entdeckt und gefasst. Ein weiteres seiner zukünftigen Projekte ist es, den unterirdischen Wasserlauf freizulegen. »Irgendwann«, wie er sagt.

Der Bienenstand *Radeisht* ist der Lieblingsplatz von Shqipe. »Man sieht die Stadt von hier. Ein Blick ins Weite, voll von Blüten, und jedes Mal neu«, sagt sie. Früher war hier ein Weingarten, der dann verwilderte. Das Ehepaar hat Hunderte Kastanienbäume gepflanzt, um den Bienen eine zusätzliche Futterquelle zu bieten. Als wir die höchste Stelle des Grundstücks erreichen, erzählt Liridon seine erste Bärengeschichte: »Vor einigen Jahren saß mein Vater genau hier und aß sein Jausenbrot. Einige Meter hinter ihm lief plötzlich ein Bär vorbei. Mein Vater dachte, es wäre eine Kuh und drehte sich nicht um. Als er die Verwechslung bemerkte, sprang er rasch ins Auto und verließ den Ort. Er wollte aber bei einem anderen Bienenstand noch etwas erledigen. Als sich bei seiner Rückkehr zum Auto gleich zwei Bären in der Nähe des geparkten Fahrzeugs aufhielten, rief er mich an und bat mich, ihn rasch abzuholen.«

Liridon weist ins dichte Gebüsch und sagt: »Im Dickicht verbergen sich nicht nur Schildkröten und Bären. Auch Schlangen leben hier in großer Zahl, der Ort hält immer Abenteuer für einen bereit.« Als Kind habe er mit giftigen Hornvipern gespielt. Seine Freunde glaubten, er habe stets Schlangen bei sich und hatten Angst vor ihm. Unterdessen zeigt Shqipe ein Foto von ihr an diesem Bienenstand. Sie ist hochschwanger mit dem jüngsten Kind. Es wurde am letzten Tag vor der Geburt aufgenommen.

Der Weg zum dritten Bienenstand, *Livadica,* gleicht einer Achterbahn im Dschungel und hätte selbst zu Fuß große Mühe bereitet. Der voll besetzte Geländewagen hat diesmal nicht nur mit dem schlechten Weg zu kämpfen, sondern auch mit meterhohem Gestrüpp. Als Shqipe unsere besorgten Blicke bemerkt, sagt sie: »Ich fahre hier besser als in der Stadt. Hier gibt es keine Idioten. Nur ich und die Straße.« An der Umzäunung des Bienenstandes hängt ein alter Weidenkorb, der früher als Bienenwohnung gedient hat. Eine Art Branding, die alle Bienenstände der *Bletaria Etniki* kennzeichnet. »Die Bienen finden hier in *Livadica* keine Kastanienblüten so wie in den Bergen, dafür Quitten, Kirschen und andere Obstblüten. Die fünf Hektar Land sind seit vielen Jahren in Familienbesitz. Liridons Vater hat den Weg hinunter angelegt«, erzählt die Imkerin.

Der vierte und letzte Bienenstand heißt *Leska*: Es war der erste Standplatz der Familie Shala. Anfangs führte nur ein Gehweg hierher. Shqipe zeigt ein Foto von einem Bienentransport mit Schubkarre. Und sie verrät das Geheimnis des Namens der Imkerei *Etniki*: Es ist der Vorname ihres ältesten Sohnes. Und Liridon hat auch zu diesem Ort eine Bärengeschichte: Als er vor einiger Zeit mit dem Auto hierherkam, war ein Bär an der Arbeit und hatte bereits fünf Bienenvölker geplündert. Er wählte seine Beute gut verteilt: einer vorne, zwei in der Mitte und zwei ganz hinten. Und er ließ sich nur ungern bei der Arbeit stören und verließ den Ort ganz langsam. So, als wolle er sagen: »Wer kommt denn da? Ich war vorher da«, erzählt Liridon. Damit war der Zeitpunkt gekommen, alle Bienenstände mit einem Baustellengitter und zusätzlich mit einem Elektrozaun vor Bären zu sichern.

»Perückenstrauch kommt hier massenhaft vor«, sagt Liridon und zeigt uns eine Pflanze. »Er prägt auch den Geschmack des Honigs.« Reinsortige Honige zu ernten sei in dieser Gegend jedoch unmöglich. Zu hoch sei die Artenvielfalt an Bienentrachtpflanzen. Allerdings, so ist Liridon überzeugt, könne er die Honige seiner Standorte ganz deutlich unterscheiden.

Die anschließende Einladung ins Restaurant *Qebaptore Te Vrrini* in Prizren gerät zum kulinarischen Highlight unserer Kosovoreise. Wunderbar duftendes Brot, frisches Faschiertes und knackiges Gemüse. Nichts verrät die verborgenen Qualitäten dieses kleinen, garagenähnlichen Restaurants in unspektakulärer Lage. Auf die Frage: »Gehen Frauen mit Bienen anders um?«, antwortet Liridon als Erster: Er sagt, Shqipe entdecke immer die junge Königin, wenn sie ins Bienenvolk schaut. Auch wenn er sie nicht finden kann, sie finde die Königin immer. Wie sie es macht, weiß er nicht, vielleicht habe sie mehr Instinkt. Shqipe vergleicht die Bienenarbeit mit der Mutterschaft. »Es ist dasselbe mit jungen Müttern, sie wissen viel mehr über ihre Neugeborenen. Es gibt nur eine Rolle für den Vater, aber so viele Rollen für die Mutter.« Sie ergänzt: »Vielleicht habe ich mehr Geduld und Feingefühl. Manchmal sage ich zu meinem Mann: Hörst du diese andersartigen Geräusche? Irgendwas passiert hier gerade.« Er hat es nicht bemerkt, sie schon. Liridon erkenne die Details im Bienenvolk eher von außen, am Bienenflug. Dafür arbeite sie schneller und erkenne den Zustand innen.

Außerdem denke er bei der Bienenarbeit immer an andere Dinge, etwa an den Hausbau, und verliere den Fokus. »Ich hingegen bin voll bei der Sache«, sagt sie. »Manchmal höre ich Musik oder singe bei der Bienenarbeit. Aber ich bin immer voll dabei.«

Bezugsquelle für Honig aus dem Sharr-Gebirge	**Reisetipps**
Bletaria Etniki Shqipe & Liridon Shala Kushtrim, Billushe, Prizren Tel. Shqipe: +383 45 888 901 Tel. Liridon: +383 44 134 557 (spricht Italienisch)	Hotel Prizreni/Prizren Qebaptore Te Vrrini/Prizren Motel Karpa/Strpce

Insel Rab, Kroatien.

Der Honig von der Insel

Die riesige Fähre scheint auf uns gewartet zu haben. Unmittelbar nachdem wir die stählerne Rampe überfahren haben, legt sie ab. Ein sanftes Wendemanöver, das Schiff dreht in Fahrtrichtung, dann nur noch ein kaum wahrnehmbares Schaukeln. Die kroatische Küste mit dem mächtigen Velebit-Gebirge entfernt sich, Windböen kommen auf. Bereits nach 20 Minuten erreichen wir unser Ziel. Die Klappe öffnet sich, eine zweispurige Flut von Autos und Lastwagen ergießt sich auf die Insel.

Die Anfänge des Tourismus auf der kroatischen Ferieninsel Rab reichen weit zurück. In einem Brief vom 23. April 1889 an den Raber Bürgermeister schlugen zwei begeisterte Gäste aus Österreich vor, alles zu unternehmen, um Fremde auf der Insel aufnehmen zu können. In einer Gemeinderatssitzung noch im selben Jahr erfolgte der Beschluss, einen Promenadenweg entlang der Raber Bucht anzulegen. Die ersten Besucher aus allen Großstädten Europas logierten in der Regel zwei Monate auf der

Insel, jeder hatte sein eigenes Bootsservice. Das große Stadtpalais wurde in ein Grandhotel umgebaut und aus dem alten Rathaus wurde ein Café-Restaurant. Das *Hotel Bristol* unterhielt eine eigene Segelbootflotte, mit denen die Gäste zum Baden in die Buchten gebracht wurden. Später, in den 1930er-Jahren, verband sogar eine eigene Wasserfluglinie die kroatische Küstenstadt Rijeka mit Rab.

Weithin sichtbar und mit exakter Entfernungsangabe verweist eines der ersten Schilder auf den Bioladen *Natura Rab*. Alle Besucher der Insel bekommen es zu Gesicht, kurz nachdem sie die Fähre verlassen haben. Das Schild verspricht ein Einkaufserlebnis mit Bioprodukten der Insel. Dušan Kaštelan, der Seniorchef des Familienunternehmens, hat in seiner Jugend Marketing studiert. Er weiß, wie man Kunden in den Laden lockt.

Das landwirtschaftliche Erbe der Familie Kaštelan auf der Insel Rab reicht vier Generationen zurück. Urgroßvater Josip Kaštelan versorgte schon in der ersten Hälfte des 20. Jahrhunderts die Hotels der Insel mit Rotwein. Sohn, Josip II (Jojo), war Seemann und kam erst im Ruhestand nach Rab zurück. Er beschäftigte sich mit Olivenanbau und Bienenzucht und übergab das Familienzepter an seinen Sohn Dušan. Dieser hatte in jungen Jahren eine IT-Firma in Rijeka, kehrte aber im Jahr 2000 gemeinsam mit seiner Frau Marijana und seinen beiden Söhnen Matija und Pavao auf die Insel zurück. Mit großen Mühen und hohen Investitionen baute er den Betrieb auf. 2020 übergab er an seinen Sohn Matija, der ökologische Landwirtschaft in Maribor studiert hat. Eine Imkerei mit etwa 100 Bienenstöcken, Olivenplantagen sowie der Anbau und die Verarbeitung von Heilkräutern bilden heute die wirtschaftlichen Fundamente von *Natura Rab*.

Neben Olivenöl und Feigenmarmelade verkauft die Familie vier verschiedene Honige im Laden. Der Wertvollste, das flüssige Gold der Insel, sei der Salbeihonig, erzählt Matija. Daneben ernten die Kaštelans aufgrund der großen Artenvielfalt an Bienentrachtpflanzen einen Küsten- und einen Heilkräuterhonig mit Anteilen von Strohblume, Christusdorn, Rosmarin, Lavendel, Bohnenkraut, Heidekraut und Quendel. Da das Nahrungsangebot auf der Insel für die Bienen nach der Salbeiblüte erschöpft ist, verbringen die Bienen den Sommer im Waldgebiet des Lika, einem auf etwa 1000 Metern Seehöhe gelegenen Hochplateau auf dem Festland. Von dort stammt auch der dunkle Waldhonig.

Matija erzählt von einer großen Salbeihonigernte im Jahr 2008. Über drei Tonnen seien es damals gewesen, von nur 103 Bienenvölkern. »Die Gegend um die Anlegestelle der Fähre war ein lila Blütenmeer. Hätte ich das heute, wäre ich überglücklich«, ergänzt er. Doch die zunehmende Sommerhitze und auch die vielen Schafe, die mangels Futter auch Salbeipflanzen fressen, hätten die Bestände stark reduziert. Ganz nach dem Spruch seines Vaters Dušan »Lieber Gott, gib uns weniger Honig, aber besseren!« sei Salbeihonig mittlerweile fast zu wertvoll, um ihn pur zu verkaufen. Deswegen produziert die Familie auch Veredelungsprodukte wie Öle, Cremes und Seifen auf Basis von Honig und Heilkräutern, die unter der Marke *Arba Immunprodukte* auf den Markt gelangen.

Die Villa Seka war das ehemalige Wohnhaus der Großeltern. Seit 2017 werden Ferienwohnungen im direkt am Meer gelegenen Haus mit Pool an Gäste vermietet. Die Ausstattung der Pension lässt keine Wünsche offen. Abends herrscht völlige Stille am Barbatski Kanal, unterbrochen lediglich von vereinzeltem Hundegebell, Flugzeuglärm, dem Plätschern des Meeres und Lockrufen von Nachtvögeln vom gegenüberliegenden Ufer der unbewohnten Insel Dolin.

Doch auch die Schattenseiten des Tourismus auf der Insel zeigen sich rasch. Eine wahre Bauwut hat vor allem die Region um den Ort Barbat erfasst. Der Siedlungsbau frisst sich immer weiter in die Landschaft. Einige Luxusvillen, von denen niemand genau weiß, wie sie an Baugenehmigungen kamen, stehen fertig im Gelände. In anderen Parzellen arbeiten sich Bagger durch das felsige Terrain. Die meisten dieser Gebäude werden im Sommer als Luxusresidenzen vermietet. Die Immobilienpreise schnellten in astronomische Höhen. Mit der zunehmenden Tourismuswirtschaft verloren alle anderen Wirtschaftszweige an Bedeutung. Landwirtschaft wird fast nur noch zur Selbstversorgung betrieben. Das Lebensmittelregal im Supermarkt der mediterranen Insel gleicht einem globalisierten Basar. Orangen aus Ägypten, Äpfel aus der Türkei, Karotten aus Österreich, immerhin die Gurken stammen aus Kroatien. Das Angebot an Käse und Oliven ist traurig. Dušans Sohn Matija klagt über »overtourism«. Eine richtige Balance sei aber schwer zu finden.

In der Vorsaison Mitte April haben nur wenige Restaurants geöffnet. Wir finden die *Gostiona Luna*, ein solides und günstiges Gasthaus, das überwiegend von Handwerkern frequentiert wird. Die kleine Speisekarte in kroatischer Sprache wird von der resoluten Wirtin mühelos ins Deutsche übersetzt. Nebenbei managt sie noch die wenigen Parkplätze vor dem Gasthaus, das direkt an der Hauptstraße liegt und völlig mit Lieferwagen verparkt ist. Für die Baubranche ist diese Zeit die Hochsaison.

Der Dresscode der jüngeren Generation der Werktätigen ist die Marke *Werkstoff*. Limonade und Mobiltelefon finden sich auf allen Tischen. Camouflage und ein halber Rotwein zum Mittagstisch ist eher das Auslaufmodell von älteren Handwerkern. Rauchen tun sie alle.

Das kulinarische Highlight der Reise erleben wir tags darauf auf Empfehlung von Matija Kaštelan: eine gegrillte Goldbrasse im schicken Restaurant *Velum*, etwas außerhalb der Raber Altstadt. Der Fisch stammt aus lokalem Fang und wird – wie in Kroatien üblich – mit Kartoffeln und Mangold serviert.

Eine Wanderung auf den Kamenjak, der höchsten Erhebung der Insel, zeigt eine üppig blühende Frühlingslandschaft abseits des touristischen Rummels. Hunderte Kilometer von Steinmauern mit dunkelbraun verwitterter Oberfläche ziehen sich in parallelen Reihen über den gesamten Bergrücken. Große Teile des mehr als 150 Jahre alten Bauwerks sind noch völlig intakt. Nur an eingestürzten Stellen zeigen die alten Kalksteine einen rotbraunen Schimmer an der Oberfläche. Schafe zupfen die wenigen Gräser aus der Kalksteinwüste, aus der gelbe Büschel von blühender Wolfsmilch und weiße Lilien ragen. Dazwischen stehen einzelne Oliven- und Wacholderbäume sowie Myrthensträucher. Die Mühen des Aufstiegs werden belohnt von einem grandiosen Ausblick auf die umliegenden Inseln und den Velebit, der den gesamten östlichen Horizont in Form eines gewaltigen Bogens begrenzt.

Auf dem Kamenjak befinden sich auch die beiden Bienenstellplätze der Familie Kaštelan namens *Kaljac* und *Gornji der*. Die Grundstücke, auf denen die Bienen stehen, sind alter Familienbesitz. Umgeben von sorgsam renovierten und mit Beton verstärkten Steinmauern, sind es kleine Inseln inmitten eines Meeres von landwirtschaftlichem Brachland. Die starken, festungsähnlichen Mauern sollen die Bienen vor der Bora, dem starken Fallwind aus dem Velebit-Gebirge, schützen und auch vor den Schafen, erzählt Matija. Denn, so ergänzt er: »Einige Nachbarn halten hier Schafe ohne Ohrmarken. Die büxen ständig aus, fressen, was sie erwischen, und müssen in der Wildnis oft stundenlang gesucht werden.«

Die höchste Erhebung der Insel Rab bietet auch einen schaurigen Einblick in dunkle Kapitel der Regionalgeschichte. Nur wenige Kilometer Luftlinie voneinander entfernt und einige Jahre versetzt, entstanden an diesem Ort ähnliche Vernichtungsstrukturen von Menschlichkeit, wenn auch in unterschiedlichen politischen Kontexten: Im Norden befand sich das Konzentrationslager *Kampor*,

Dušan, Matija und Marijana Kaštelan, Imkerfamilie.

in dem die italienischen Faschisten überwiegend Gefangene aus Kroatien und Slowenien sowie Juden inhaftiert hatten, eine brutale Todesmaschinerie mit Tausenden Opfern innerhalb von 14 Monaten. Die Gefangenen bewahrten sich dennoch die Würde und gründeten im Geheimen die *Osvobodilna fronta* (Befreiungsfront). Im Nordosten von Rab liegt die Gefängnisinsel *Goli Otok* (Nackte Insel), Titos Straflager für stalintreue Kommunisten. Das System *Goli Otok*: Wer Mitgefangene selbst prügelte oder denunzierte, stieg in der Lagerhierarchie auf. Wer sich verweigerte, war vogelfrei und wurde physisch und psychisch vernichtet. Jede Form von Solidarität wurde so im Keim erstickt.

Auf einem Feld neben dem Gelände des KZs Kampor baut ein Bauer Kartoffeln an. Schafe weiden, ein Stapel Schaffelle liegt im Hof. Bienenstöcke stehen neben den Grabkreuzen des Friedhofs.

Unmittelbar hinter der Gedenkstätte befindet sich der Dundo-Wald mit seinen Badestränden, die nur über Fußwege oder mit Booten erreichbar sind. Uralte Steineichen und Föhren spenden Schatten. Zu hören ist nur das Plätschern des Wassers an den Felsen und das Rascheln der fliehenden Smaragdeidechsen. Feuchte Waldluft mischt sich mit dem Geruch von Piniennadeln. Der Wald, einer der schönsten und am besten erhaltenen mediterranen Steineichenwälder, ist eines der großen Naturwunder Kroatiens und verleiht Rab den Ruf der »grünen Insel«.

Die Bewohner von Rab erinnern lieber an ihre Geschichte als reiche Handelsstadt, die jahrhundertelang im Besitz Venedigs war. Der wichtigste Schifffahrtsweg der Venezianer nach Osten führte am Handelsstützpunkt Rab vorbei. Die Stadt verfügte über eine starke Handelsflotte, war wirtschaftlich und kulturell entwickelt, und die Einwohner lebten in Wohlstand.

Im Verkaufsraum von *Natura Rab* hängen Bilder vom Mittelalterfest auf der Insel. Sie zeigen Matija mit einer großen Mütze, verkleidet als mittelalterlicher Kaufmann, an seinem Warentisch. Es ist ein großes Touristenspektakel, das die Stadt alljährlich im Sommer für ihre Gäste veranstaltet.

Was die Bienen ihm bedeuten würden, frage ich Dušan am Ende des Gespräches: Er antwortet kurz und bündig: »Leben! Als ich noch meinen Computerladen hatte, war ich abends nur völlig erschöpft. Jetzt bin ich zwar auch müde, aber zufrieden.«

Und ob denn die Insel Rab zum Balkan zähle, frage ich dann noch seinen Sohn Matija. »Ich denke, wir haben hier schon Balkanmentalität«, sagt er. »Die ist vor allem auch bei Imkern zu finden, die Honig von der Insel an Touristen verkaufen, der nicht von hier ist.«

Bezugsquelle für Salbeihonig

Natura Rab
Villa Seka – Apartman
Matija Kaštelan
Barbat 656A, 51280 Rab
www.natura-rab.hr
Tel. Dušan: +385 98 281 309
und Matija: +385 97 629 4982
Mail: info@natura-rab.hr
kastelan.matija@gmail.com

Reisetipps

Gostiona Luna/Rab
Restaurant Velum/Rab

MONTENEGRO

Bauernhof von Svetozar und Milena Batrićević
in der Nähe von Nikšić, Montenegro.

Meerschaum und Schneestaub

Der Weg vom Flughafen führt über eine Panoramastraße direkt zu einer der wichtigsten Sehenswürdigkeiten von Montenegro, dem Felsenkloster *Ostrog*. Zwei schwarz gekleidete, bärtige Popen bewachen in einer Grotte des Klosters die Reliquien des heiligen Basilius. Gläubige stehen vor dem Eingang Schlange, beugen den Kopf, um einzeln durch die niedrige Tür in die Grotte zu treten, und küssen den Popen die Hände. Ungläubige erhalten einen leichten Schlag auf den Kopf. Aus einem von Kerzen erhellten Nebenraum dringt der Geruch von verbranntem Wachs. Familien mit Kleinkindern posieren für ein Foto vor bunten Mosaikbildern,

Gläubige küssen in den Boden eingeschlossene Kreuze. Der spektakuläre Ausblick von der Terrasse des Klosters fällt auf Dobro Polje, die in sattem Grün liegende Ebene mit ihren kleinen, rostbraunen Gemüsefeldern. Über einen Schleichweg erreichen wir die *Konoba Svera* in Tunjevo. Das Fischrestaurant liegt an einem Karstfluss und ist nur über eine kleine Brücke zu erreichen. An zwei Seiten fließt klares, türkisfarbenes Wasser. Weiden mit zarten Frühlingstrieben stehen am Ufer. Am Wegrand blühen Wolfsmilch und Weißer Affodill. Aus dem ehemaligen Mühlengebäude dringt laute Musik von einem Alleinunterhalter, der großartig singt. Die Gäste im Lokal tanzen. »This is *Balkan*«, meint die Kellnerin auf unser Staunen. Fisch in fünf Varianten steht auf der Speisekarte. Erst die vom Wasser aufsteigende Kälte vertreibt uns von diesem magischen Ort.

»Meerschaum und Schneestaub«, so beschrieb der Politiker und Schriftsteller Veljko Vlahović (1914–1975) sein geliebtes Montenegro. Das kleine Land mit der Ausdehnung und Einwohnerzahl Tirols ist auf einer politischen Europakarte im üblichen Maßstab nicht so einfach zu entdecken. Kulturgeschichtlich vereint Montenegro eine Vielfalt an historischen Regionen, wie sie nur wenige Länder in Europa zu bieten haben. Da wäre zunächst das Fürstentum Montenegro rund um die ehemalige Hauptstadt Cetinje, das seine Unabhängigkeit im Jahre 1878 auf dem Berliner Kongress erlangt hatte. Bis 1913 gelang es Montenegro, dem geschwächten Osmanischen Staat weitere Gebiete zu entreißen und seine Staatsfläche zu verdoppeln. Der schmale Küstenstreifen um die Bucht von Kontor war über Jahrhunderte venezianisch geprägt und später noch einmal gut 100 Jahre Teil des österreichischen Dalmatiens. Zu Montenegro zählt dieses Gebiet erst seit dem Ende des Zweiten Weltkriegs. 1918 wurde Montenegro mit Serbien vereinigt und war Teil des Königreiches der Serben, Kroaten und Slowenen. 2006 erlangte das Land nach einer Volksabstimmung seine Unabhängigkeit von der Bundesrepublik Jugoslawien.

Mit »Meerschaum und Schneestaub« könnte man auch die Honige von Željko Mitrić kennzeichnen. Der Wanderimker lebt in der Gemeinde Plužine, in unmittelbarer Nähe des Klosters Piva und des gleichnamigen Stausees. Seine etwa 100 Bienenstöcke stehen auf zwei Lkw-Containern. Den Winter verbringen die Bienen an der montenegrinischen Küste in der Nähe des Ortes Radovići auf der Halbinsel Tivat. Etwa Mitte Mai reisen sie ins Durmitor-Gebirge zu Standorten auf etwa 1000 Metern Seehöhe. Mitte September geht die Reise dann wieder zurück an die Küste.

In Željkos Honigen spiegelt sich die Vielfalt der Bienenflora Montenegros. Der *Primorski med*, der Frühlingshonig von der Küste, zeigt weiche Mandelaromen und eine hohe Komplexität. Der Kontrast zu den beiden Honigen aus dem Gebirge könnte nicht größer sein. Der Blütenhonig (*Livadski med*) ist ein Feuerwerk an floralen Aromen. Der Heidehonig (*Vrijesak med*) hat im Geruch und Geschmack die typischen Aromen von Leder, Balsam und Terpentin. Mit einer sensorischen Überraschung endet dann die Honigverkostung im Wohnzimmer des Imkers: Der erst spät im Oktober an der Küste geerntete beigefarbene Erdbeerbaumhonig (*Planika med)* ist fein auskristallisiert. Der sehr charakteristische, phenolische Geruch nach Kaffeesud macht den Honig leicht erkennbar. Am Gaumen verstärkt sich der Geruchseindruck. Ein markanter, lang anhaltender Bitterton sowie eine frische Säure verdecken die Süße des Honigs, der leicht adstringierend und sehr lange im Abgang ist.

»Die Imkerei ist meine Leidenschaft und der Honig ist die Krönung und Belohnung meiner Leidenschaft«, sagt der etwa 50-jährige Imker stolz. Željkos Familiengeschichte beginnt mit der Vertreibung der Osmanen. Seit Ende des 18. Jahrhunderts lebt seine Familie hier in den Bergen, in einer der ärmsten Regionen Montenegros. Seine Frau Luzia stammt aus dem Nachbardorf. Schon Željkos Großvater hatte Bienen, die damals in ausgehöhlten Baumstämmen (*dubovina*) gehalten wurden. Die etwa 1,5 Tonnen Honig, die er im Durchschnitt pro Jahr erntet, verkauft er um 15 Euro pro Kilogramm an Touristen. Die unmittelbare Nachbarschaft zum Kloster Piva, einem der wichtigsten orthodoxen Klöster des Landes, ist dabei von großem Vorteil. Die Familie vermietet Fremdenzimmer, und Željko bietet auch Bootsfahrten auf dem nahe gelegenen Stausee an. Nebenbei arbeitet der Imker in einem Wasserkraftwerk an der Grenze zu Bosnien. »Eines der größten Probleme der Region ist die Landflucht«, erzählt er. »Vor 20 Jahren zählte die Gemeinde noch 15 000 Einwohner, heute sind es gerade noch 4 000. Die große Hoffnung liegt im nachhaltigen Tourismus«.

Anderntags steht ein Ausflug ins Durmitor-Hochgebirge auf dem Programm. Die Regionalstraße 16, der wir folgen, wird im Reiseführer als »eine der spektakulärsten Bergstraßen des Balkans« beschrieben. Wie sich bald herausstellen wird, trägt sie diese Bezeichnung nicht zu Unrecht. Unweit der Berghütte *Milogora* endet unsere Reise in einer Schneewechte. Ein Weiterkommen ist hier Anfang April nicht mehr möglich.

Zwei Gäste sitzen im verrauchten Hinterzimmer und trinken. Der Wirt stammt aus Mostar. Die Kriegswirren haben ihn in viele Länder Europas verschlagen. Hier im Gebirge hat er seine Bleibe gefunden. Er züchtet Pferde und bietet Reittherapie an. Die Fotos an den Wänden lassen traumhafte Sommerlandschaften vermuten. Auf dem Weg zurück nach Plužine hängen riesige Eiszapfen vom unbeleuchteten, grob in den Felsen gesprengten Tunnel. Eine Überraschung folgt beim Abendessen im Restaurant *Zvono* in Plužine. Großartige Küche, cooles Jazzclub-Ambiente mit guter Musik. Die Zimmer mit verglaster Außenfront geben den Blick auf den Piva-Stausee frei und lassen die für die Jahreszeit ungewöhnliche Kälte allmählich vergessen.

Tags darauf die Fahrt an die Küste. Kleine fruchtbare Täler wechseln mit Kalkfelsen, die dürftig mit Karstgebüsch bedeckt sind. Im Hintergrund schneebedeckte Gipfel. Ab und zu Siedlungen, kaum Städte, keine Vororte von Städten. In einer Autostunde durchquert man das Land vom gebirgigen Norden mit Temperaturen unter dem Gefrierpunkt bis zur Küste. Man gewinnt den Eindruck, als wechsle jemand ständig die Landschaftskulisse, um die wenigen Reisenden, die zu dieser Jahreszeit auf leeren Straßen unterwegs sind, nur ja nicht zu langweilen. Mit der sich nähernden Küste werden die Grüntöne häufiger und satter. Nur vereinzelt drängen sich noch Geröllhalden ins Bild. Das Farbspektrum wird größer. Zu bereits bekannten Weiß- und Gelbtönen gesellen sich lila Farbspritzer vom Silberblatt und die orangefarbenen Triebspitzen der Granatäpfel. Ein letzter finsterer Tunnel steigert die Dramatik: Ankunft in der Bucht von Kotor. Die Temperatur steigt weit in den zweistelligen Bereich. Die aufdringliche Natur des Frühlings steht in scharfem Kontrast zur Künstlichkeit der russischen Barbesucherin am Nebentisch des *Café Tramontana*. Die morgendliche Kälte verlässt die Glieder, und die Wahrnehmung für die Reize des Frühlings taut auf. Die Bergschuhe werden lästig.

Noch etwas hat sich verändert: Die Preise in den Restaurants haben sich verdoppelt. Die Touristenabgabe erreicht ihren Höhepunkt im idyllischen Städtchen Perast, wo die *Konoba Otok Bronza* immerhin sechs Euro für ein Glas roten Hauswein verlangt. Ehrlicherweise hatte uns der Kellner noch vorgewarnt: »Ich kann ihn nicht empfehlen!« Bereits nach dem ersten Schluck war klar, warum.

Die jahrhundertelange osmanische Herrschaft hat auch in der Küche Montenegros tiefe Spuren hinterlassen. Der *sač* ist ein traditionelles Kochgeschirr aus Gusseisen, das heute noch in weiten Teilen des Balkans und der Türkei verwendet wird. Er besteht aus einer gewölbten Pfanne und einem Deckel. Die Größe liegt zwischen 20 und 50 Zentimeter im Durchmesser. Der Deckel ist speziell geformt, sodass man heiße Glut darauf verteilen

Wanderimker Željko Mitrić (links) mit Übersetzer.

kann, wodurch zusätzlich Oberhitze entsteht. Die Gerichte werden auf offenem Feuer zubereitet. Die auf diese Weise zubereiteten Eintopfgerichte werden auch als *sač* bezeichnet.

Svetozar Batrićević ist ein Meister des *sač*, den er auf seine Weise mit Fleisch von Lamm und Huhn zubereitet. Auf dem Speiseplan der Batrićevićs stehen außerdem noch die montenegrinischen Spezialitäten *piganice*, *kačamak* und *cicvara*. Gemeinsam mit seiner Frau Milena bewirtet er Gäste auf einem abgelegenen Bienenbauernhof, der nur über eine schmale Schotterstraße erreichbar ist.

»Der Platz hat keine Adresse, ich sende Ihnen aber die Koordinaten«, hat er im Mail geschrieben. Der Hof liegt auf einem Hochplateau nahe der Stadt Nikšić auf 900 Metern Seehöhe in einer geschützten Geländemulde, die sich nur nach Süden öffnet. Im Haus nebenan lebt sein Bruder und züchtet Ziegen. Das gesamte Gelände ist terrassiert und von Steinmauern umgeben. Der Ort wirkt wie eine grüne Oase im grauen Karstgestein.

Auch hier beginnt die Geschichte mit der Vertreibung der Osmanen. Die Familie Batrićević stammt aus Alt-Montenegro. Svetozars Ururgroßvater zog 1859 hierher und baute das alte Steinhaus, das aus zwei Räumen besteht. Der größere Raum diente als offene Rauchküche, in der Tag und

Nacht das Feuer brannte. Die Nordseite des Hauses besteht aus unbehauenem Fels. Svetozar zeigt uns einen kleinen Schemel, das typische Möbelstück, auf dem die Bewohner um das Feuer saßen. Das kleinere Zimmer wurde als Schlafraum genutzt. Svetozars Großvater baute nebenan ein neues Haus, das bereits wesentlich moderner anmutet, aber ebenfalls aus Stein errichtet wurde. Er hat mehrere kleine Landwirtschaften gekauft und war für seine Zeit ein großer Landwirt. Der Großvater startete auch die Familienimkerei mit traditionellen Bienenbehausungen und erreichte ein biblisches Alter von 110 Jahren. Auch Svetozar ist mittlerweile bereits pensioniert. Er war Betriebselektriker und führte nebenbei noch einen Laden in Nikšić. Das ganze Geld, das er mit seiner Arbeit verdiente, steckte er in dieses Stück Land.

Nach einer Stunde Garzeit unterbricht Svetozar das Gespräch und hebt den Deckel vom *sač*. Es ist Zeit, das Gemüse dazuzugeben.

Der normale Tagesablauf der Familie Batrićević ist ungewöhnlich für Landwirte: morgens in der Stadt Kaffee trinken und Freunde treffen, nachmittags auf den Bauernhof fahren und bis spät abends arbeiten. Dann wieder zurück in die Stadt. Niemals hier schlafen. Die Bienen hält Svetozar aus einem pragmatischen Grund: Er kann sie hier alleine lassen. Sie kommen auch ohne ihn zurecht, und er will seinen Tieren keinen Stress verursachen. Im Sommer kommen viele Besucher, und es wird häufig gekocht. Im Winter ist es ruhiger. »Je älter ich werde, desto mehr zieht mich dieser Ort an. Ich liebe auch das Klima hier: im Sommer mediterran, im Winter Gebirgsklima mit warmer Luft vom Meer und viel Regen«, erklärt er. »Das ist sehr wichtig, da es hier nur Regenwasser gibt.« Er zeigt uns mehrere alte Wasserzisternen, die über das Gelände verteilt sind. Und noch eine Besonderheit gibt es in Svetozars Tagesablauf: »Wenn ich Dreiviertel der Arbeit gemacht habe, fange ich an zu trinken, wenn ich fertig bin, setze ich mich hin und trinke den Rest«, erklärt er schmunzelnd.

Svetozars Sohn Luca hat sich für sechs Monate als Koch auf einem Containerschiff verpflichtet. Sein zweiter Sohn Milos lebt in Kanada. Er ist einem Bruder seines Großvaters gefolgt, der unter Tito das Land verließ. Svetozars Urteil über den Marschall von Jugoslawien fällt nüchtern aus: »Erst hat Tito den Bauernstand kaputt gemacht und die Leute in die Fabriken getrieben. Dann wurden die Fabriken kaputt gemacht. Die Familie war gegen die Kommunisten, keiner war in der Partei.« Als Tito die Landwirtschaft kollektivierte, war seine Familie jedoch nicht direkt betroffen. Der felsige Boden hier war für die industrielle Landwirtschaft wertlos, und die Bienenzucht unterlag generell keiner Beschränkung.

Nach zwei Stunden Garzeit ist der *sač* fertig. Das opulente Mahl wird begleitet von großen Mengen an selbstgebranntem Raki und hausgemachtem Rotwein. Nach dem Essen zeigt uns Svetozar noch das Allerheiligste: den Keller, den Ort, wo er fünf Sorten Raki brennt und Rotwein herstellt. Hier schleudert er auch den Honig und macht Apfelwein von Wildäpfeln sowie Preiselbeersaft. Im Raum nebenan findet sich Milenas Vorratskammer mit langen Regalen voll buntem Einleggemüse für den Verkauf.

Svetozars Pläne für die Zukunft: Er hätte gerne, dass sein Sohn Milos aus Kanada zurückkommt. Und wenn das Geld reicht, möchte er irgendwann die beiden Steinhäuser in ein Museum umbauen. Denn, so ist er überzeugt, »future is on the countryside«.

Bezugsquelle für Erdbeerbaum- und Heidehonig

Željko Mitrić
Plužine
Tel.: +382 69 689 269 (engl.)
und +382 67 641 950
Mail: mitriczeljko4@gmail.com

Reisetipps

Svetozar und Milena Batrićević/Nikšić
Tel.: +382 69 047 120
und +382 68 400 105
Mail: svetozarbatricevic63@gmail.com
Propaganda Bar/Nikšić
Konoba Svera/Tunjevo
Eko Selo Milogora/Durmitor
Gostionica Zvono/Plužine
Holiday Home

NORDMAZEDONIEN

Budinarci, Nordmazedonien.

Die Bienen in der Teufelsmauer

Eine Frau steigt in steiles, felsiges Gelände. Die Kamera schweift in das darunterliegende Umland: Steine und Geröllhalden, kleine grüne Inseln am weiten Horizont. Die Frau tastet sich langsam einen schmalen Pfad entlang und erreicht eine bestimmte Stelle im Fels. Sie nimmt einen losen Felsbrocken weg, greift vorsichtig in einen Hohlraum und zieht eine Wabe voll mit Honig und Bienen hervor. Die Eröffnungsszene des Films *Honeyland*, gedreht 2017 in Nordmazedonien. Der Film wurde ein Riesenerfolg. Weltweit.

In der Nähe des Drehorts fließt die Bregalnica. Der Fluss entspringt als Waldquelle in den Maleševo-Bergen nahe der Grenze zu Bulgarien und durchfließt dann die fruchtbare Hochebene von Delčevo. Aufgestaut zum Kalimancisee dient sie zur Bewässerung der tiefer liegenden Reisfelder. Nach der Staumauer verwandelt sich die Bregalnica in einen Schluchtenfluss und tritt bei Kočani mäandernd in die Ebene. Sie durchquert den gesamten Osten Mazedoniens und mündet bei der Ortschaft Gradsko in den Fluss Vardar und weiter ins Ägäische Meer.

Sämtliche Interneteinträge über die Region Bregalnica beschränken sich auf Umweltverschmutzung und ein furchtbares Gemetzel, das sich 1913 im Rahmen des zweiten Balkankrieges hier ereignet hat. Ein Bericht der lokalen NGO *Nature Conservation Programme Bregalnica* weckt meine Neugier. Mit nachhaltiger Imkerei soll der gesamten Region ein neues Image verpasst werden und sanfter Tourismus Einzug halten. Grund genug für eine Reise.

Ich treffe drei Mitglieder des Vereins *Medenistok,* »Honig des Ostens«, die von *NCP Bregalnica* unterstützt werden. Vanco, der Präsident, ist für die praktische Ausbildung der Imker zuständig. Er selbst bewirtschaftet etwa 100 Bienenvölker und übergibt einen großartigen Christusdornhonig als Geschenk: rötlich-bernsteinfarben, zähflüssig, Duft nach Wildkarotte und Koriander, am Gaumen Aromen von Tonkabohne und Weidenrinde. Ich treffe auch Snezana, eine Imkerin aus den Hügeln um Dulica, mit der ich einen Bienenstand besuche und die mir ihre Eichenhonige vorstellt. Und ich spreche mit Marjan, mit 200 Bienenvölkern einer der größten Imker des Vereins und studierter Agrarökonom.

Marjan zeigt mir einen Artikel, den er im Jahr 2015 für ein mazedonisches Bienenjournal geschrieben hat und der jene äußerst ungewöhnliche Art der Imkerei beschreibt, die auch im Film *Honeyland* gezeigt wird. *Bienen in der Teufelsmauer* lautet der Artikel. In einer 500 Meter langen und zwölf Meter hohen Sandsteinmauer, die vor langer Zeit durch Bodenerosion entstanden ist, sind von Imkern Hunderte Hohlräume, auf Mazedonisch *brtve* genannt, geschaffen und wieder mit einer Steinplatte zugemauert worden. Nur ein kleines Flugloch blieb frei. Alljährlich im Frühling wiederholt sich ein Naturschauspiel: Dutzende Bienenschwärme ziehen in die Hohlräume dieser Mauer, die von den Einheimischen *Djavolski Zid* (Teufelsmauer) genannt wird. Woher die Schwärme kommen, ist ein Rätsel. Das Gelände ist äußerst unzugänglich, der nächste Ort, Bogoslovec, etwa zehn Kilometer Luftlinie entfernt. Es gibt keine Bienenstände und nur wenig Futter für die Bienen an diesem Ort. Die unmittelbar an der Teufelsmauer vorbeifließende Bregalnica versorgt die Bienen mit Wasser. Sobald die Schwärme eingezogen sind, ernten Imker den

Honig und bringen die Wildbienen in vorbereiteten Transportkisten zu ihren Bienenständen.

Nordmazedonien ist ein Land zwischen Jugonostalgie und Aufbruch in eine europäische Zukunft. Die heutige Republik existiert erst seit Kurzem auf der europäischen Landkarte und umfasst nur einen Teil der historischen Region Mazedonien, nämlich das sogenannte Vardar-Mazedonien. Während des Niedergangs des Osmanischen Reiches am Ende des 19. Jahrhunderts setzte ein Wettlauf um den Besitz der von den Osmanen befreiten Gebiete ein. Er endete mit einer Aufteilung Mazedoniens auf die Nachbarländer. Hatten Griechen, Bulgaren und Serben im Jahre 1912, im ersten Balkankrieg, noch gemeinsam gegen die Osmanen gekämpft, so stritten die Sieger bereits 1913, im zweiten Balkankrieg, um die Beute. Pirin-Mazedonien musste an Bulgarien abgetreten werden, ein weiterer Teil, nämlich Ägäis-Mazedonien, kam zu Griechenland. Das verbliebene Vardar-Mazedonien wurde dem Königreich der Serben, Kroaten und Slowenen zugesprochen und als »Südserbien« bezeichnet. Griechenland und Bulgarien fürchten jedoch bis heute Gebietsansprüche von Seiten Mazedoniens. Und von daher rührt das große wechselseitige Misstrauen.

Unter Tito erhielten die Mazedonier nach Jahrhunderten der Fremdherrschaft den Status einer eigenen Republik innerhalb der jugoslawischen Föderation. Mit dem Ende Jugoslawiens erklärte sich Mazedonien im November 1991, nach Abhaltung eines Referendums, für unabhängig. Die jugoslawische Armee zog, anders als in den übrigen ehemaligen Teilrepubliken, friedlich ab.

Vanco sieht in der Geschichte seines Landes eine Analogie zu Bienen: »Es ist wie bei einem schwachen Bienenstock. Sobald die Nachbarvölker seine Schwäche bemerken, wird er ausgeraubt«, erklärt der pensionierte Berufssoldat, der erst in der jugoslawischen Volksarmee und später im mazedonischen Militär gedient hat. Der Imker erklärt die komplexe geopolitische Gemengelage der Region sehr anschaulich: Für Sofia seien die Mazedonier Bulgaren und die mazedonische Sprache lediglich ein bulgarischer Dialekt. Für die Serben seien die Mazedonier Serben, und die Griechen bezeichnen die Mazedonier als »Kontinentale«, die nur durch einen »historischen Irrtum« eine slawische Sprache hätten. Und die albanische Minderheit des Landes wolle ohnehin den Anschluss an Albanien. Die Bindung an Sprache und Ethnie ist in der gesamten Balkanregion traditionellerweise stärker als die Loyalität zum Nationalstaat.

Der Zufall des Weges hat mich nach Budinarci geführt. Der Ort wird seiner touristischen Selbstbeschreibung

Snezana Ilievska, Imkerin.

als »eines der rustikalsten Dörfer des Balkans aus dem 18. Jahrhundert« durchaus gerecht. Die Vielfalt und die Gleichzeitigkeit des bäuerlichen Lebens hier sind faszinierend. Alles geschieht im Freien. Auf kleinen Öfen werden Paprika für die Ajvar-Produktion gegrillt, Kartoffeln gewaschen und Kürbisse entkernt. Ein Bauer reinigt Saatgut mit Hilfe eines Ventilators. Zwei Ziegen leisten ihm Gesellschaft. Nahezu jeder hier scheint einer landwirtschaftlichen Tätigkeit nachzugehen. Das unverputzte Wirtshaus ist zugleich der einzige Laden des Dorfes. Drei Tische, kaputte Plastiksessel und Bierkisten dienen als Sitzgelegenheit. Nicht eine Geste des Fremden entgeht der kollektiven Aufmerksamkeit. Der Fahrer eines vorsintflutlichen Lkws verkauft Gemüse. Reger Andrang herrscht vor seiner Laderampe. Eine Kuh wird durch das Dorf getrieben, später ein Esel, danach noch eine Schafherde. Das häufigste Geräusch stammt von alten Traktoren mit Startschwierigkeiten. Noch ältere Traktoren stehen im Ausgedinge in den Vorgärten. Halbkreisförmig, wie prächtige Colliers, hängen knallrote Pfefferoni an Scheunenwänden, umrahmt von Tabakgirlanden. Daneben Zöpfe von Zwiebeln und Knoblauch. Balkone dienen zur Lagerung von Kürbissen. Das Ufer der Bregalnica, die das Dorf halbkreisförmig umfließt, säumen Gemüsegärten, kleine Felder und Unmengen von Müll.

Nach der Unabhängigkeit Mazedoniens blieb ein jahrelanger Namensstreit einerseits mit dem Nachbarland Bulgarien, das zwar die Unabhängigkeit anerkannte, aber keine eigene mazedonische Sprache und Nation, andererseits mit Griechenland, das den Staatsnamen mit der Begründung ablehnte, er impliziere Ansprüche auf den gleichnamigen Norden Griechenlands. Seit 2019 heißt das Land nun offiziell Nordmazedonien.

Unberührt vom Namensstreit blieb die Makedonische Honigbiene, lat. *Apis mellifera macedonica*. Das natürliche Verbreitungsgebiet dieser regionalen Bienenrasse umfasst die gesamte historische Region Makedonien und erstreckt sich weit darüber hinaus. Es reicht von der Adria über das Schwarze Meer und weiter bis in die Ukraine. Nahezu alle Imker in Bregalnica arbeiten mit der Macedonica. Sie ist kleiner und vor allem schlanker als die weiter nördlich auf der Balkanhalbinsel verbreitete *Apis mellifera carnica*, gehört jedoch ebenso wie diese zu den »grauen« Bienen. Sie gilt als sehr sanft und hat eine geringe Schwarmneigung trotz relativ starker Völker. Im Spätsommer bildet sie nur noch wenig Brut, legt viel Futtervorrat an und überwintert in großen Kolonien. »Unsere Bienen sind wie unsere Frauen«, sagt Vanco. »Sie schaffen es, aus wenig viel zu machen.«

Auf dem Weg zur Imkerin Snezana finde ich am Rande der Straße die besten Zwetschken meines Lebens. Nach der Sommerhitze haben die starken Regenfälle der letzten Tage eine Vielzahl an Blüten aus der Erde gelockt, darunter Eselsdistel, Wegwarte und Königskerze. Dulica ist eine reizvolle Streusiedlung auf einer Hügellandschaft hoch über dem Flusstal. Die Höfe sind in Gruppen angeordnet, kleine Straßen überziehen labyrinthartig die Hügelketten, verschwinden in Gräben, um sich dann wieder zu treffen. Es ist schwer, hier die Orientierung nicht zu verlieren. Eichen, Pinien und Akazien in den Wäldern, dazwischen Obstgärten und Weiden.

Snezana ist eine schlanke, sehr sportliche Frau um die 40 mit viel Energie. Den ersten Bienenschwarm hat sie als Kind von einem Nachbarn erhalten, als Geschenk für ihre Mithilfe bei den Schafen. Das nicht ganz kindergerechte Geschenk ging allerdings bald verloren: Der Schwarm suchte das Weite. Mit 13 Jahren starb der Vater. Kühe und Schafe wurden verkauft. Die Familie verließ ihren Geburtsort Dulica und zog in die nahe gelegene Kleinstadt Makedonska Kamenica, wo Snezana heute noch wohnt.

Wie viele hier hat Snezana mehrere Jobs, um sich über Wasser zu halten. Als Sportlehrerin an einer Grundschule verdient sie 400 Euro monatlich. Nebenbei arbeitet sie als Physiotherapeutin und Imkerin. Da sie kein Auto besitzt, erledigt sie fast alles mit dem Fahrrad. Sie zeigt ein

Foto: ein lila Fahrrad mit einem Anhänger voll Bienenmaterial.

Für eine zarte Person wie sie mit 50 Kilogramm sei es sehr schwer, mit Bienen zu arbeiten. Männer sind physisch stärker, aber sie mache trotzdem fast alles allein, nur beim Transport und beim Honigschleudern hole sie sich Hilfe. »Wir sind vier Frauen im Verein *Medenistok*. Wir halten engen Kontakt und helfen uns mit Ratschlägen«, erzählt sie.

Bregalnica ist eine Region mit kontinentalem Klima. Die Winter können sehr kalt sein. Und im Sommer 2021 stieg das Thermometer an insgesamt 45 Sommertagen über 40 Grad. Der diesjährige Sommer wiederum war völlig verregnet. Diese Wetterkapriolen haben auch Auswirkungen auf die Honigernte. »Ich mag den dunklen Honig mit hohem Eichenanteil wie im letzten Jahr«, sagt Snezana. »Hier in den Hügeln ist er besonders intensiv. Den hellen Honig, den wir heuer wegen des Regens hatten, mag ich nicht.« Am liebsten habe sie Eichenhonig mit Zitrone und mit Walnüssen. Das Ziel der Imkerin: die Bienenverluste des letzten Winters auszugleichen und bis zum Herbst wieder 60 Völker zu haben. Und ihr Traum: irgendwann in der Nähe ihres Bienenstandes ein Wochenendhaus zu errichten.

Die Dachmarke *Medenistok* existiert seit November 2021. Der Verein kümmert sich um die Ausbildung der Imker und unterstützt auch die Vermarktung des Honigs. Die Mitglieder verwenden einheitliche Gläser und Etiketten. Nur das runde Deckeletikett trägt den Namen des Imkers. Und *Medenistok* betreibt eine ehrgeizige Genderpolitik: Vier aktive Imkerinnen sind bereits im Verein als Vollmitglieder. Geplant ist ein Imkerinnenanteil von 30 Prozent.

Honeyland habe die mazedonische Imkerei verändert, ist Vanco überzeugt. Die zentrale Botschaft der Hauptdarstellerin »take half but leave half« ging um die Welt. »Wir Imker haben diese Botschaft sehr gut verstanden«, sagt er.

Kann es also gelingen, eine wirtschaftlich benachteiligte Region mit Hilfe von Honig neu zu positionieren? Die mazedonische NGO *NCP Bregalnica* ist gemeinsam mit den Imkerinnen und Imkern des Vereins *Medenistok* auf dem besten Wege dahin. Es ist eine von vielen kleinen Initiativen, die das Leben für die Bewohner der Region langsam, aber nachhaltig verbessern.

Bezugsquelle Honig

Snežana Ilievska, Vanco Kirosvski,
Marjan Arsov
Facebook: @medenistok

Reisetipps

Hotel Manastir/Berovo
Eurohotel Gradche/Kochani
Ausgrabungsstätte Bargala
Djavolski Zid – Die Teufelsmauer
Restaurant Savaro/Kalimanci

Das Dorf Bell (rumän. Buia) in Siebenbürgen.

Der Honig aus dem Delta

Auffallend auf der stark befahrenen Autobahn zwischen Szeged und Arad ist eine besondere Form des freien Warenhandels in der EU, nämlich die hohe Zahl der Lastwagen, die Autos transportieren. Fabrikneue der Marke Dacia, mit Planen abgedeckt, von Ost nach West, und Gebrauchtwagen verschiedener Marken in die Gegenrichtung, wieder zurück nach Rumänien.

Wir besuchen Siebenbürgen und einen der bekanntesten Imker Rumäniens. Wilhelm Tartler (44) ist ein Siebenbürger Sachse, der sich nach dem Studium der Biolandwirtschaft in Deutschland entschieden hat, in das Land seiner Ahnen zurückzukehren, um sich mit Biohonig eine Existenz aufzubauen. Seine gesamte Familie ist nach dem Zusammenbruch des kommunistischen Regimes nach Deutschland gezogen. Wilhelm war damals neun Jahre alt.

Wir treffen ihn in seinem Haus in Hahnbach, direkt neben der alten evangelischen Kirche. Er lebt hier seit 15 Jahren im alten Pfarrhof inmitten eines großen Obstgartens und einiger baufälliger Schuppen mit vielen Bienenstöcken, siebenbürgischen Hühnern und etlichen Schafen.

An das altehrwürdige Gebäude ist er über seine damalige Freundin gekommen, die eine Pastorentochter war. Erst hat der Imker nur Bienen hierhergestellt, später dann das ganze Haus von der Kirche gepachtet. Die benachbarte alte Schule mit hohen Räumen und Böden mit Fischgrätparkett nutzt er für seine Honigverarbeitung. »Das Haus stand 20 Jahre lang leer und der Garten war völlig verwildert«, erzählt Wilhelm. Und weiter: »Ich hatte ja nur mein Diplom in der Hand, sonst nichts. Kein Kapital, gar nichts, null. Nichts war in Ordnung, auch jetzt ist nichts in Ordnung. Ich gehe nur jedes Jahr auf den Dachboden und schaue nach, wo es feuchte Stellen gibt. Dort schiebe ich Ziegel nach. Ich kann nicht alles machen, das ist unmöglich.« Und er ergänzt nicht ohne Ironie: »Ich bin ja im Prinzip immer noch ein besitzloser Mensch. Außerdem mache ich nix ordentlich.« Und auch die evangelische Kirche in Siebenbürgen habe kein Geld, da die Gläubigen fehlen und deren Spenden. Dafür besitze sie aber etwa 160 solcher Halbruinen.

Siebenbürgen wird rumänisch auch als Transsylvanien bezeichnet. Es ist eine hügelige Waldregion am Ostrand der ungarischen Tiefebene, die im Osten, Süden und Westen von Bergen umgeben ist. Die Region war fast 1 000 Jahre lang ein Teil Ungarns und gehört erst seit 1918 zu Rumänien.

Die Siebenbürger Sachsen sind neben den Banatern die größte Gruppe von Deutschen auf dem Gebiet des heutigen Rumänien. Die Geschichte ihrer Ansiedlung reicht bis ins zwölfte Jahrhundert zurück. Sie wurden damals von ungarischen Königen angeworben, die Siedler und Soldaten im Osten des Landes benötigten. Wer sich entschloss, sich im Karpatenbogen niederzulassen, wurde mit einer Reihe von Privilegien ausgestattet: Freiheit im Tausch gegen Dienstpflichten. Im 16. Jahrhundert wandten sich die Siebenbürger Sachsen sehr rasch den Lehren Martin Luthers zu.

In der Zeit zwischen dem Zweiten Weltkrieg und den Jahren unmittelbar nach dem Fall des Kommunismus in Rumänien kam es zu einem regelrechten Exodus der Siebenbürger Sachsen.

Lebten vor dem Ersten Weltkrieg noch mehr als 800 000 Angehörige der deutschsprachigen Minderheit in Rumänien, so sind es heute nur noch rund 15 000, ein Großteil davon Siebenbürger Sachsen. Doch ihr Einfluss bleibt sichtbar: in deutschsprachigen Schulen, Studiengängen und den historischen Kirchenburgen, die mittlerweile UNESCO-Weltkulturerbe sind.

Rumänien ist gemeinsam mit Ungarn und Deutschland eines der größten Honigproduktionsländer der EU. Günstige Klimabedingungen und eine Vielzahl an Bienentrachtpflanzen ermöglichen eine Jahresproduktionsmenge von etwa 30 000 Tonnen Honig. Akazienwälder bedecken 120 000 Hektar, vorwiegend in den Hügelzonen. 54 000 Hektar Lindenwald machen Rumänien zu einem bedeutenden Produzenten von Lindenhonig. Die wichtigsten Honige aus Feldkulturen stammen von Raps und Sonnenblume.

Wilhelm Tartlers Liebe zu Honig verdankt der gelernte Kfz-Mechaniker einer Erkenntnis, die er im Rahmen seines Studienprojektes »Obstbau und Imkerei« im deutschen Witzenhausen gewonnen hat: »Ich war fasziniert von der Schwarmimkerei in der Lüneburger Heide und hab mit einem Korb und einem Schwarm angefangen. In den ersten drei, vier Jahren des Studiums hat mich Honig gar nicht interessiert. Ich habe nur Schwärme wegfliegen lassen. Irgendwann waren die Völker so voll, also hab ich unten Waben rausgeschnitten und sie mit auf die Uni genommen. Alle waren so begeistert von dem Honig. Für Tage war ich der Wichtigste an der Uni, weil ich Wabenhonig hatte. Und so bin ich auf den Honig gekommen.«

Wilhelm startete in Siebenbürgen mit Obstbauberatung und war jahrelang auch Kontrollor für Biolandwirtschaft. Seine Reisen, von denen er heute noch schwärmt, führten ihn unter anderem in die bulgarischen Rhodopen, wo er Wildsammlung für Mandel und Wacholder zertifizierte. Zusätzlich legte der junge Landwirt eine Baumschule an. Die Obstbaumverkäufe hatten gut begonnen, doch dann kam der EU-Beitritt und damit die riesigen Pflanzenmärkte, die Bäume von irgendwoher für wenig Geld verkauften, wie er sagt. In der Coronazeit hat er dann seine Völkerzahl von 150 auf 300 verdoppelt, und seit drei Jahren lebt er nur noch von der Imkerei.

In etlichen Wanderungen bringt der Imker seine Bienen in verschiedene Regionen des Landes zu Raps, Sonnenblume und Linde. Viele Jahre lang reisten seine Bienen auch ins rumänische Donaudelta, in die sogenannte Dobrudscha. Ein Honig aus dem Delta, der von einem Imkerfreund stammt, sticht bei der Verkostung besonders hervor: leuchtender oranger Farbton, belebende Säure und kühle Frische am Gaumen mit delikaten Fruchtaromen. Es handelt sich um einen Minzehonig. Er stammt aus Zonen des Deltas, in denen nach der jährlichen Überflutung die spezifische und artenreiche Vegetation des Gebiets hervortritt. Beträgt der Anteil an Wasserminze (lat. *Mentha aquatica*) über 70 Prozent, darf dieser rare Honig als Minzehonig (rumän. *miere de mentă*) verkauft werden. Der lange Blühzeitraum der Wasserminze, die wahre Wiesen an den Ufern und den angrenzenden Kanälen bildet, reicht von Juli bis Oktober.

»Honig und auch alle anderen Bienenprodukte sind für mich Grundnahrungsmittel«, sagt der Imker in seinem markanten Dialekt, der dem Luxemburgischen ähnelt. Und weiter: »Ich bin überzeugt, dass da fast alles drin ist, was wir brauchen. Es kommt öfter vor, dass ich abends ein halbes Glas Honig esse. Ich mag frisches Weißbrot, darauf schmiere ich Butter, dann gebe ich dunklen Waldhonig drüber und Sauerrahm und dann ein Bier dazu. Da steh ich voll drauf.« Und er ergänzt: »Honig repräsentiert den Ort, an dem ich lebe und arbeite. Das Rundherum, wo ich lebe, ist im Honig drin.« Aber er sei kein Geschmacksfetischist, kein Weinkenner.

»Die Leute fragen hier nicht, wie schmeckt der Honig, sondern wofür ist er gut«, erklärt der Imker. Die gesundheitlichen Aspekte des Honigkonsums stehen, wie auch in anderen Ländern Südosteuropas, im Vordergrund. Der Honig aus dem Delta etwa gilt als krampflösend, da er die bei Gallenkoliken auftretenden Schmerzen lindert, die Verdauung anregt und Blähungen reduziert. Er enthält große Mengen an Vitamin C und auch an ätherischen Ölen, die für Minzeblüten typisch sind.

In Rumänien leben geschätzte 5 000 Bären, der Großteil davon in den Karpaten Siebenbürgens. Dass es so viele sind, liegt auch daran, dass Diktator Nicolae Ceaușescu und seine Funktionäre die Einzigen waren, die Bären abschießen durften – und die Population für ihre Jagden künstlich nach oben getrieben wurde. Ob es Probleme beim Imkern gibt? »Erst vorgestern hatte ich einen am Bienenstand«, erzählt Wilhelm. »Ich habe an allen Ständen zwei Elektrozäune laufen, ständig, das ganze Jahr über. Das kostet mich Tausende Euro pro Jahr, und wir kriegen keine Hilfe vom Staat. Ich lebe von den Bienen und weiß nicht, ob der Bär inzwischen nicht schon wieder da war. Ich kann mich so aufregen über diese NGOs aus dem Westen. Die kommen auf Urlaub zu uns und wollen Bären sehen, und wir haben die Probleme.« Der Imker hat mittlerweile eine eigene Lösung für dieses Problem: »Wenn ich einen Bären sehe, rufe ich einen Kumpel an, der erschießt ihn. Ich kriege eine Wurst und alles ist gut.«

Noch einen prominenten Bewohner Siebenbürgens gibt es, der guten Honig nicht verschmäht haben soll. Vlad III. Drăculea (1431–1476/77), genannt Graf Dracula, ernährte sich nicht nur von Blut allein. Auch guten Honig soll er, zumindest der Legende nach, geschätzt haben. Blut & Honig eben, in guter alter Balkantradition …

Der touristische Dracula-Rummel erreicht im siebenbürgischen Ort Bran seinen Höhepunkt. Das einstige Bergdorf samt Schloss war 1999 von einem findigen amerikanischen Geschäftsmann aus dem Dornröschen-

Wilhelm Tartler, Imker.

schlaf geweckt worden. Mit Pauschalreisen werden seither Gruseltouristen aus aller Welt angelockt. Es gibt ein Multiplexkino, in dem täglich Horrorfilme gezeigt werden. Kioske mit Dracula-Fanartikeln säumen die Straßen. Gothic-Bands spielen zum Tanz der Vampire auf. Unsicher ist, ob Vlad III. Drăculea jemals diesen Ort betreten hat. Historisch gesichert ist hingegen, dass der berühmte Fürst der Walachei, der im 15. Jahrhundert seine Heimat heldenhaft gegen das vordringende osmanische Heer verteidigt hat, einem ganz besonderen Hobby frönte: der Hinrichtung seiner gefangenen Feinde durch Pfählen. Und das in mannigfaltiger Art und Weise.

Ein Zeitgenosse, nämlich der päpstliche Gesandte Nicolo de Modrusa (1425–1480), hat eine wenig schmeichelhafte Beschreibung von Vlad III. hinterlassen: »Vlad der Pfähler war ein nicht sehr großer Mann, aber sehr stark und mit einem furchterregenden Aussehen. Er hatte eine große Höckernase, ein schmales, etwas rötliches Gesicht, lange Augenlider und grüne Augen. Das Gesicht und das Kinn waren rasiert, nicht aber der Schnurrbart. Die Schläfen waren aufgeschwollen und ein Stierhals verband seinen hohen Nacken mit den breiten Schultern, auf die lange schwarze und lockige Haare fielen.«

Ist Siebenbürgen eigentlich Teil des Balkans, frage ich Wilhelm Tartler gegen Ende des Gespräches. »Siebenbürgen eher nicht. Aber wenn man jetzt von Rumänien spricht, würde ich sagen, der Osten und Süden sind Balkan, aber Siebenbürgen eigentlich noch nicht. Bei der Mentalität der Menschen sind die Karpaten für mich eine Grenze. Wir Siebenbürger sind in der Mentalität wie die Ungarn oder die Österreicher. Klausenburg, Hermannstadt, Temeswar und Arad sind keine Balkanstädte. Bukarest ist Balkan.« Der Imker folgt damit einem häufig anzutreffenden Narrativ: Der Balkan, das sind immer die anderen.

»Hermannstadt ist entzückend, bestes, altes, gutes Deutschland. Winklige Gassen, eine wundervolle Bevölkerung, sehr gutes Essen, nicht zu vergessen«, schrieb der in Rumänien als Feldpolizist eingesetzte Kurt Tucholsky 1918 an seine spätere Ehefrau. Die Europäische Kulturhauptstadt des Jahres 2007 hat ihren Charme bewahrt. Die nächtlichen Fassaden der Piața Mare erstrahlen in voller Pracht, und auch die Preise in den Restaurants zeugen vom Selbstbewusstsein der größten Stadt in Siebenbürgen. Und das Essen ist, zumindest im Restaurant *Kombinat*, einem Brauereiwirtshaus in einem Industriebau am Rande der Altstadt, vorzüglich.

Was die Zukunft des ländlichen Siebenbürgens anbelangt, ist Wilhelm Tartler allerdings wenig optimistisch: »Die Dörfer Siebenbürgens werden ein Paradies für Westler werden. Der Westen wird uns leerfegen. Sie werden uns auslutschen bis zum Geht-nicht-Mehr. Sie holen uns die Menschen weg und die Ressourcen. Und die Wildnis, die sich hier ausbreitet, werden sie nutzen, um sich zu erholen.« Idyllisch, strukturschwach und zugewachsen werde die Zukunft Siebenbürgens sein, lautet seine Prognose.

Die Autofahrt durch die Dörfer Siebenbürgens gleicht einer Zeitreise. Das Städtische endet jäh bei Großscheuern. Ein Gehsteig ist zugleich Brücke über ein Rinnsal. Auf Betonsockeln steht vor jedem Haus ein Gartenzwerg, Adler oder Löwe aus Plastik. Auch ein Osterhase ist dabei. Knapp vor dem Ort Bell kommen uns die ersten Pferdefuhrwerke entgegen, die auf kleinen hölzernen Wagen Mist auf die Felder transportieren. Arm, aber doch reich an agrarischem Leben, umgibt den Ort eine einzigartige Geräuschkulisse: Kindergeschrei, Hähne, Hunde, Lämmer, Kühe und Vogelgezwitscher.

Die Landschaft ist geprägt von winterbraunem Weideland im Wechsel mit grünen Streifen von Getreide und Wald. Rauchschwaden wechseln mit dem Geruch von kalter Asche. Das Abbrennen von Gräben und Böschungen ist allgegenwärtig, und die Landschaft ist übersät mit frischen und vernarbten Brandwunden.

Im verfallenen Martinsdorf weist uns eine Romafamilie den Weg weiter nach Almen. Streckhöfe mit bunt bemalten Stirnseiten entlang eines Baches dominieren das Erscheinungsbild dieses Dorfes. Hinter den Häusern liegen die Parzellen der Obst- und Gemüsegärten. Darüber ist Weideland und Wald. Viele Gebäude werden gerade renoviert, einige geradezu luxuriös. Den Ort überragt eine mächtige Kirchenburg. Auf dem Friedhof dominieren wenige deutsche Familiennamen die Gräber. Verblichene Hinweisschilder zeugen von zaghaften touristischen Infrastrukturmaßnahmen aus früheren Jahren. Ein agrartouristisches Simulationsprojekt soll hier entstehen, ein Kompetenzzentrum für Handwerk und Landwirtschaft, in dem mittelalterliches Dorfleben nachgespielt wird. Finanziert vom *Mihai Eminescu Trust* und gefördert von der EU.

Den Rummel um Dracula sieht der Imker nüchtern: »Dracula wird ausgenutzt, weil er in die Köpfe der Leute im Westen reingekommen ist und sich dort festgefahren hat. Du kannst Bücher darüber schreiben, dass das alles nicht stimmt. Das ist egal, das ist in den Köpfen drin, und es funktioniert.«

Übrigens soll das Haupt des ermordeten Walachei-Fürsten Vlad III. Drăculea in Honig eingelegt, dem Sultan als Geschenk nach Konstantinopel gebracht und dort, ganz nach der Sitte der Zeit, auf einer Stange aufgespießt, zur Schau gestellt worden sein. Ob es sich dabei um Honig aus Siebenbürgen gehandelt hat, ist leider nicht überliefert.

Bezugsquelle Honig

Wilhelm Tartler
(spricht Deutsch)
Str. Cooperativei nr. 50
557266 Sat. Hamba, Sibiu
www.miereecologica.ro
Tel.: +40 749 417 077
Mail: tartler@gmx.de

Bezugsquelle für Minzehonig

Mihai Apostolescu
www.mieresincera.ro
Mail: contact@miieresincera.ro

Gewöhnliche Seidenpflanze, lat. *Asclepiua syriaca.*

Honig auf Achse und Rädern

Die Wartezeit an der Grenze zwischen Ungarn und Serbien bei Röszke dehnt sich ins Unendliche. Erinnerungen an die grauenhaften Berichte über Flüchtlingslager im Niemandsland kommen hoch.

Im September 2015 strandeten hier Hunderte Migranten. An diesem Punkt der Balkanroute war für sie kein Weiterkommen mehr möglich. Ebenso verwehrt war der Weg zurück.

Noch heute ist das Nadelöhr in die EU mit meterhohen Zäunen und Stacheldraht gesichert. Die meisten Grenzgänger scheinen an Wartezeiten gewöhnt zu sein und reagieren darauf mit demonstrativer Gelassenheit. Zwei Frauen in einem Auto mit Wiener Kennzeichen rauchen. Ihr Autoradio dröhnt in maximaler Lautstärke. Erdrückend ist die Hässlichkeit des Grenzgebäudes in voller Betriebsamkeit, und unbeschreiblich die Erleichterung, als sich der Grenzbalken endlich hebt.

Wenige Kilometer weiter südlich erreiche ich Palić. Die kleine Stadt in der nordserbischen Provinz Vojvodina vermittelt Urlaubsflair. Pinien säumen die Straßen. Hier treffe ich Živoslav Stojanović, einen der bekanntesten Imker Serbiens. Stämmiger Wuchs, schwarzes Hemd, schwarze Kunstlederjacke, schwarze Mütze, langer grauer Kinnbart. »Žika«, wie ihn seine Freunde nennen, bekleidete viele Jahre lang hohe Ämter im nationalen Imkerverband. Ohne viele Fragen zu stellen, bringt er mich in die *Paprika čarda*, ein beliebtes Ausflugslokal am Ufer des Palićsees. Die Melancholie der untergehenden Sonne erleichtert das Kennenlernen. Ebenso der erste Sliwowitz, dem bald darauf der zweite folgt. Dem wiederum folgt kräftiger Weißwein. Noch bevor die Fischsuppe serviert wird, raucht er am Tisch seine erste Zigarette. Auf meine erstaunte Frage, ob dies in Serbien erlaubt sei, seine Antwort: »Ici c'est Balkan!« Stojanović spricht Französisch mit starkem Akzent, ein Relikt aus seiner Zeit am Gymnasium und unser kleinster gemeinsamer sprachlicher Nenner. Auf die Frage, wo der Balkan beginnt, sagt Živoslav: »Balkan ist dort, wo die Osmanen waren. In Zentralserbien 400 Jahre, bei uns in der Vojvodina nur 150.« Den Ukrainekrieg, der seit einer Woche Tagesthema in allen Medien ist, kommentiert er mit den Worten »Russen und Serben sind Freunde, die NATO hat Fehler gemacht.«

Serbien ist ein Land der Bienen und des Honigs. Die Zahl der Bienenvölker hat sich in den letzten zehn Jahren verdoppelt und liegt mittlerweile bei fast einer Million. Besonders die Vojvodina mit ihren Feldkulturen ist ein beliebtes Ziel von Wanderimkern. Auf 40 000 Hektar wird Raps angebaut und auf 230 000 Hektar die Sonnenblume. Die Imker erreichen durchschnittliche Honigernten von 80 Kilogramm pro Bienenvolk. Das sind Mengen, von denen Imker in Mitteleuropa nur träumen können. Bienenhaltung ist praktisch im gesamten Staatsgebiet möglich. In Zentralserbien werden Akazien- und Waldhonig gewonnen, in Hügellagen in der Fruška Gora, südlich von Novi Sad, auch Honig von der Linde.

Nach Abschluss des Essens erzählt Živoslav eine Begebenheit aus dem Sommer 1999. Sein Sohn lag gerade am Strand des Sees, als eine NATO-Bombe auf der Suche nach Radaranlagen genau an der Stelle einschlug, an der wir jetzt unser Auto geparkt haben. Glücklicherweise explodierte sie nicht. Sein jüngerer Sohn tauchte vor Angst sofort ins Wasser und blieb lange unten. Wäre sie explodiert, wäre er wohl nicht mehr am Leben. Um die Radaranlagen für die NATO-Bomber schwerer auffindbar zu machen, montierte die serbische Luftabwehr diese auf Lastwagen und veränderte ständig deren Standorte. Doch sie blieben leichte Beute und zogen die Bomben an wie Licht Insekten in der Nacht.

Es folgt ein kurzer Besuch auf dem Friedhof, zum Grab seines älteren Sohnes, der im März 2021 an Corona verstorben ist. Ein schwerer Schlag für den Imker, der gemeinsam mit seinem Sohn eine lebensfähige Imkerei im Vollerwerb aufbauen wollte. Der Grabstein ist in Form einer sechseckigen Zelle aus einer Bienenwabe ausgeführt und schon von Weitem zu erkennen. Auf dem riesigen Friedhof sind die Gräber fein säuberlich nach Konfessionen getrennt: eine Sektion für die Katholiken, eine weitere für orthodoxe Christen.

Noch in Sichtweite des Friedhofs stehen zwei seiner Bienenstände, hochgestellt auf blauen Containern, um sie direkt auf Lastwagen verladen zu können. Das Gelände gehörte zu einer Spirituosen- und Weinfabrik aus der Blütezeit Jugoslawiens. Die wirtschaftlichen Umbrüche der letzten Jahrzehnte hat das Unternehmen nicht überlebt. Auf der einen Seite des Weges liegt eine aufgelassene Pflaumenplantage, die jahrelang den Rohstoff für das nationale Lebenselixier Sliwowitz geliefert hat. Ein Feldweg, bestehend aus feinstem Flusssand und Staub, trennt den Obstgarten von der Brachfläche jenseits des Weges. Wir sind am Ziel meiner Reise angekommen. Aus verfilzten Grasbüscheln ragen seltsame Gebilde. Am Ende von etwa einem Meter langen Stielen lagert in ovalen Kapseln zarter weißer Flaum. Darunter liegen unzählige flache, braune Samen. Es sind die überwinterten Blütenstände der Gewöhnlichen Seidenpflanze, lat. *Asclepias syriaca*, die den Rohstoff für einen der begehrtesten Honige Serbiens liefert.

In den Monaten Juli und August verwandelt die attraktive Pflanze ganze Flusslandschaften in ein rosafarbenes Blütenmeer. Der Tiefwurzler, der im Serbischen auch *Divlji duhan* genannt wird, stammt aus Nordamerika und wurde im 17. Jahrhundert als Futterquelle für Bienen und zur Uferbefestigung entlang von Flüssen gepflanzt. Die Seidenpflanze vermehrt sich stark durch Rhizome und weit fliegende Samen und bildet im Grenzgebiet zwischen Ungarn und Serbien große Bestände. Allerdings bietet sie Insekten keinen Pollen, was bei diesen zu Ernährungsproblemen führen kann. Honigbienen stillen ihren Pollenbedarf dann häufig an der Königskerze, lat. *Verbascum ssp.*, die in dieser Region ebenfalls häufig vorkommt. Und noch einen Nachteil bietet diese reichlich Nektar spendende Pflanze für Bestäubungsinsekten: In trockenen Jahren sondert die Blüte eine ölartige Substanz ab. Die Bienen bleiben daran kleben und können die Blüten nicht mehr verlassen. Viele Imker meiden aus diesem Grund die Seidenpflanze.

Seidenpflanzenhonig ist außerhalb von Serbien wenig bekannt. Der Farbton ist rotbraun. Die Kristallisation erfolgt erst nach mehreren Monaten. Der Honig zeigt intensive florale Aromen im Geruch und am Gaumen. Die

Živoslav Stojanović, Imker.

Nachfrage nach dieser Honigrarität ist groß, so groß, dass der Honig meist sehr schnell ausverkauft ist.

Während des anschließenden Gesprächs im Hause des Imkers unterbrechen immer wieder dramatische Fernsehnachrichten aus der Ukraine das Interview. Das serbische Staatsfernsehen ist in mehreren Räumen des Hauses präsent und zeigt, wie eine riesige Menschenmenge eine russische Fahne durch die Straßen Belgrads trägt.

»Honig gibt es nur auf Achsen und Rädern« ist einer der Leitsprüche des Imkers. Damit meint er, dass gute Ernten nur durch Wanderung mit den Bienenvölkern möglich seien. Die Wanderimkerei ist in Serbien weit verbreitet. Auch Živoslav verlädt seine blauen Container alljährlich auf einen Lastwagen, um mit seinen Bienen Richtung Süden zu fahren: etwa 50 Kilometer in die ertragreichste Sonnenblumenzone um die Stadt Batschka oder 300 Kilometer in die Akazienblüte in der Region Homolje. In diesem Naturpark am Eisernen Tor hat er auch seinen Lieblingsplatz. Die Region mit ihren großen Wäldern sei wunderschön, erzählt der Imker, und ihre Bewohner, die Walachen, hätten eine große Liebe zu Bienen. »Alle Menschen dort lieben die Bienen, das ist fantastisch für mich. Bei uns nicht. Bei uns sagen sie, was soll das? Warum fliegen Bienen um mein Haus? In Homolje war fünf Meter neben der Straße eine Frau, die Schafe hütete. Meine Bienen stechen, stechen, stechen. Madame, es tut mir leid! Jetzt blüht die Akazie, habe ich gesagt. Kein Problem! Es gibt kein Problem!«

Der 1950 in der Kleinstadt Smederewo bei Belgrad geborene Imker hatte immer schon eine Liebe zu Gärten und Natur. Nach dem Studium des Bauingenieurwesens kaufte er gemeinsam mit seiner Frau ein Haus mit Garten in Palić. Als Erstes pflanzte er Marillenbäume im Garten. »Ich freute mich auf den Frühling, die Bäume blühten, aber im Sommer gab es keine Früchte. Ich dachte, dass dies eine Folge der schlechten Bestäubung ist.« Er besorgte sich Literatur zur Imkerei und die ersten Bienenstöcke. »Ich hatte damals nur 500 Deutsche Mark im Haus und habe für 360 Mark drei Bienenstöcke gekauft. Gegen den heftigen Widerstand meiner Frau«, erzählt er lachend von seinen Anfängen als Imker.

»Imker ist, wer mindestens fünf Jahre hintereinander einen Bienenstock mit Bienen hat«, lautet eine seiner Überzeugungen. Eine weitere: »Ein ernsthafter Imker ist, wer mindestens 50 Völker betreut und die Biene an die erste Stelle setzt.« Die Honigpreise in Serbien sind bescheiden. Fünf bis sieben Euro erzielen Imker pro Kilogramm, wenn sie ihren Honig ab Hof verkaufen. Der Großhandel zahlt lediglich etwas mehr als die Hälfte. 50 Prozent einer durchschnittlichen Jahresernte von 7000 Tonnen Honig gehen in den Export, in erster Linie nach Norwegen und Italien. In einem Land, in dem viele Menschen nicht mehr als 400 Euro pro Monat verdienen, ist die Imkerei ein willkommenes Zubrot. Das erklärt auch die Zahl der vielen Neueinsteiger.

»Ich selbst habe die Imkerei zum ungünstigsten Zeitpunkt begonnen, nämlich während dieses verdammten Krieges, genauer gesagt im August 1991. Aber ich sage oft, dass ich viele wunderbare Freunde gewonnen habe, seit ich in die wunderbare Welt der Bienen eingetreten bin. Freunde in aller Welt.« Als langjähriger Präsident des serbischen Imkerverbandes bereiste Živoslav viele Länder.

»Die Biene ist Symbol für die kollektive Arbeit, für die perfekte Gesellschaft. Jeder Teil der Familie muss helfen, jede Schwester, jeder Bruder. Es gibt keinen Individualismus, alles ist kollektiv. Das Leben im Bienenvolk ist eine Art von Kommunismus«, fügt er noch hinzu.

Am folgenden Tag machen wir uns auf den Weg zu einer Imkertagung in Novi Sad, der Hauptstadt der Vojvodina. Wir parken das Auto unter mächtigen Platanen. Über uns das Gekrächze von Dutzenden Krähen, die eine ganze Kolonie von Nestern in unmittelbarer Nachbarschaft angelegt haben. Wieder erzählt der Imker Begebenheiten aus dem Krieg. Während der »NATO-Aktion« seien die Vögel aus der Stadt verschwunden und erst viele Jahre später wieder zurückgekehrt. Und Novi Sad sei die Stadt der zerstörten Brücken. Die NATO hat alle drei Donaubrücken bombardiert. Im Flussbett sieht man außerdem noch die Überreste der alten Eisenbahnbrücke, die im Ersten Weltkrieg gesprengt wurde.

Das Mittagessen mit serbischen Imkervertretern findet im Restaurant *Balkan Ekspres* statt. Das Lokal bietet einen großzügigen Blick auf eine imposante Flussbiegung der Donau. Im Fin-de-siècle-Ambiente des Restaurants geht sehr rasch jedes Zeitgefühl verloren. Živoslav erweist sich als souveräner Unterhalter am Tisch. Im Kreise seiner Kollegen genießt er großes Ansehen. Etwas verloren wirken die muslimischen Imkervertreter aus Bosnien angesichts einer riesigen »Mixfleischplatte vom Schwein«. Erst auf Nachfrage serviert der Kellner auch Fisch. Als Souvenir des Nachmittags bleibt der Geruch des Balkans in den Kleidern: eine Mischung aus billigem Parfum und kaltem Zigarettenrauch.

Abends dann noch ein Besuch im sehenswerten Imkereimuseum in Sremski Karlovci. Es war die Wirkstätte von Jovan Zivanović (1841–1916), einem berühmten serbischen Bienenforscher. Imkergeräte aus mehreren Jahrhunderten finden sich in der Sammlung. Das Prunkstück der Ausstellung ist ein historischer Bienenstock in Form einer orthodoxen Kirche. Am Eingang des Museums steht eine monumentale Rosskastanie, gepflanzt wohl noch in der Zeit der Osmanenherrschaft. Auf der Rückfahrt durch Sremski Karlovci säumen spärlich renovierte, altertümliche Bauten die Landstraße. Unterhalb einer Geländestufe liegt in der Abenddämmerung eine Flusslandschaft, wie gemalt von alten Meistern: Teiche, Sümpfe und riesige Schilfflächen. Zwischen Landstraße und Fluss führt die neugebaute Trasse des Schnellzuges Belgrad–Budapest. Ein Zug donnert vorbei, als demonstriere er den Aufbruch Serbiens in ein neues Zeitalter.

»Merci pour votre amitié!« Der Abschied von Žika fällt ausgesprochen herzlich aus.

Bezugsquelle für Seidenpflanzenhonig

Živoslav Stojanović
(spricht Französisch)
Evropska 4, 24413 Palić
Tel.: +381 635 105 98
Mail: zikastoj@gmail.com

Reisetipps

Imkereimuseum/Sremski Karlovci
Restaurant Balkan Ekspres/Novi Sad

LEXIKON DER SORTEN-HONIGE DES BALKANS

Der Begriff »Sortenhonig« bezeichnet monoflorale Honige, d.h. Honige, deren botanische Quelle zum Großteil aus einer einzigen Pflanze besteht. Die sensorische Beschreibung orientiert sich an möglichst reinsortigen Honigen. Ein Teil dieser Sortenhonige kommt in mehreren Regionen des Balkans vor, andere beschränken sich auf eine Herkunft. Die Küstenzonen weisen aufgrund des wärmeren Klimas eine wesentlich größere Zahl an Sortenhonigen auf als vergleichbare Bereiche im Landesinneren. Bastardindigo- und Seidenpflanzenhonig sind seit kurzer Zeit verfügbar, andere Sorten wie etwa Metcalfahonig verschwinden wieder aus den Honigregalen. Ein Grund dafür ist die Klimaveränderung. Ein weiterer sind Eingriffe des Menschen, der mit oder ohne Absicht Insekten und Pflanzen über den gesamten Erdball verfrachtet. In ihrer neuen Umgebung finden einige dieser Neozoen und -phyten günstige Rahmenbedingungen vor und werden rasch heimisch. Sie stellen heute wichtige Nahrungsquellen für Bienen und andere Bestäubungsinsekten dar. Andere hingegen werden verdrängt und verschwinden. Die Sortenhonige einer Region sind somit nicht viel mehr als eine Momentaufnahme, ein Schnappschuss im Laufe der Evolution.

AHORNHONIG

Vorkommen des Honigs

gesamter Balkanraum, aus Hügelzonen und Bergwäldern, selten

Der Honig

Ahornhonig ist meist Teil von Waldhonigen aus höheren Lagen, in denen die Pflanze größere Bestände bildet. In Jahren mit ausbleibender Waldtracht kann der Ahornanteil hoch sein. Reinsortig sind Ahornhonige jedoch selten zu finden. Sie sind hellgelb, mild in Geschmack und Aroma und kristallisieren feinkörnig zu einer weichen Paste.

Beim Berg-Ahorn kann es während der Blüte auch zu einer Besiedelung mit Blattläusen kommen. In diesem Fall sammeln die Bienen auch Honigtau von den Läusen. Nicht zu verwechseln ist Ahornhonig mit Ahornsirup. Bei Letzterem wird der Siebröhrensaft von Ahornbäumen vom Menschen entnommen und zu Sirup eingedickt.

Die Pflanze

Der Ahorn, lat. *Acer spp.*, zählt zur Familie der Seifenbaumgewächse, *Sapindaceae*. Ahorn ist eine sehr alte Gattung, deren Vorkommen mit verschiedenen Arten bereits im Alttertiär, also vor etwa 240 Millionen Jahren, in

Europa und Amerika nachweisbar ist. Einige der 115 Ahornarten, vor allem Zucker-Ahorn, lat. *Acer saccharum*, führen Milchsaft, der sich durch einen mehr als fünfprozentigen Saccharoseanteil auszeichnet und zur Produktion von Ahornsirup genutzt wird. Zahlreiche exotische Ahornarten werden bei uns als Zierpflanzen kultiviert.

Die größte Bedeutung für die Bienen in Bergwäldern hat der Berg-Ahorn, lat. *Acer pseudoplatanus*, der an seiner abschuppenden, hellen Borke leicht zu erkennen ist. Das Laub nimmt bereits im Spätsommer eine helle Farbe an. Die Bäume werden an günstigen Standorten bis zu 30 Meter hoch und können ein Alter von 600 Jahren erreichen. Ab dem 30. Jahr setzen die Bäume Blüten an. Hauptverbreitungsgebiet sind kühle und feuchte Berglagen im gesamten Balkanraum. Die Höhengrenze liegt bei 1700 Metern. Berg-Ahorn kommt auch im Tiefland in feuchten Gräben vor und bildet gemeinsam mit Esche und Bergulme die sogenannten Schluchtenwälder. Die langen Wurzeln wirken bodenfestigend und verhindern Erosion. Die Blüten erscheinen kurz nach den Blättern Ende April bis Mitte Mai. Der Blütennektar sammelt sich in großen Tropfen am Nektarium und ist allen Insekten zugänglich.

Bienenwirtschaftlich von untergeordneter Bedeutung sind weitere Ahornarten wie der schnell wachsende und häufig als Alleebaum kultivierte Spitzahorn, lat. *Acer platanoides*, sowie der Feldahorn, lat. *Acer campestre*, dessen Vorkommen sich auf Ebenen und Hügellandschaften beschränkt.

Die Pollenproduktion des Berg-Ahorns ist schwach. Der Pollen wird von den Bienen in grünlichen Höschen gesammelt. Mit etwa fünf Prozent Stickstoffgehalt haben Ahornpollen einen mittleren Nährwert für die Bienen.

AKAZIENHONIG

Vorkommen des Honigs

gesamter Balkanraum, aus Hügelzonen, häufig

Der Honig

Eine Besonderheit dieses stets flüssigen Honigs ist seine Farbe, die bei Reinsortigkeit in Richtung kristallklarer Transparenz geht. Akazienhonig ist hellgelb, im Extremfall nahezu wasserfarben mit leichtem Grünstich. Der Geruch ist fein, sehr angenehm und nicht sehr intensiv: Duft von Blumen, Mandeln in Zuckerglasur, Vanilleschoten. Der Geschmack ist zart, süß und anregend und entspricht dem Geruch. Am Gaumen seidig-weich. Im Abgang eine zarte Note von Muskatnuss, Vanille und

Zimt. Kaum Nachgeschmack. Aufgrund des zarten Aromas sind Geschmacksfehler im Honig leicht erkennbar, z. B. säuerliche Fehltöne, die etwa bei Verwendung von zu altem Bienenwachs auftreten. Völlig neues Bienenwachs hingegen verleiht dem Honig einen zarten Wachsgeschmack. Gelegentlich enthält Akazienhonig auch Reste von Raps- oder Löwenzahnnektar, die kurz zuvor blühen. Die Honige haben dann ein trübes Erscheinungsbild. Akazienhonig weist von allen Honigen den höchsten Anteil an Fructose auf und neigt dadurch auch nicht zur Kristallisation. Fructose kann nur langsam in das menschliche Blut aufgenommen werden. Dies ist auch der Grund, warum dieser Honig bei Leistungssportlern als legales »Energiedoping« beliebt ist.

Die Pflanze

Die Robinie, volkstümlich auch Akazie genannt, lat. *Robinia pseudoacacia*, zählt zur Familie der Hülsenfrüchtler, *Fabaceae*. Akazienbäume in Vollblüte sind als riesiger weißer Blütenball von Weitem gut erkennbar. In der Nähe betört ein intensiver Blütenduft: der mythische Duft von Ambrosia.

Die Robinie war im Miozän (vor 23 bis 5 Millionen Jahren) bereits auf dem europäischen Kontinent verbreitet, verschwand aber im Laufe der letzten Eiszeit. Die heutige Robinie stammt aus dem östlichen Nordamerika und wurde 1630 von Jean Robin, dem Hofgärtner von Versailles, nach Paris gebracht. Nach ihm wurde die neue Zierpflanze benannt. Von den insgesamt zehn in Amerika heimischen Robinienarten hat sich allerdings nur eine einzige, nämlich *Robinia pseudoacacia,* bei uns einbürgern können. Sie wurde ursprünglich als Zierpflanze in Gärten eingesetzt, dann als Alleebaum an Landstraßen, Fluss- und Bahndämmen verwendet und hat sich schließlich von selbst weiterverbreitet. Sie gilt als Pionierpflanze, die nach Sturm, Brand sowie Erdrutschen den Wald rasch regeneriert und später von anderen, stärker beschattenden Laubbaumarten abgelöst wird. In ihrer Heimat Nordamerika beträgt der Robinienanteil in naturbelassenen Wäldern maximal vier Prozent. Die Robinie ist heute in ganz Europa verbreitet, und einzelne Exemplare finden sich selbst noch in England und Südschweden und in den Weinklimagebieten Frankreichs und Norditaliens. Auch in den Südalpentälern sowie in Ungarn und den Balkanländern bildet sie große Bestände. Sie gedeiht gut an trockenen Standorten und ist unempfindlich gegen Hitze und Luftverschmutzung. Sie ist aus diesem Grund auch ein optimaler Stadtbaum. Auf den Trümmerfeldern des Zweiten Weltkriegs fand eine massenhafte Verbreitung der Pflanze in Stadtgebieten statt.

Die Robinie ist ein etwa 20 Meter hoher Baum mit weitreichenden Seitenwurzeln, die leicht Ausläufer bilden können. Als Schmetterlingsblütler leben ihre Wurzeln in Symbiose mit Knöllchenbakterien und reichern den Boden mit Stickstoff an. Die Nebenblätter haben sich zu Dornen entwickelt. Die Blüte hat einen komplizierten Bestäubungsmechanismus: Der Griffel der Robinienblüte hat unterhalb der Narbe eine allseitige bürstenartige Behaarung, welche den eigenen Pollen von der Narbe fernhält. Landet das Insekt auf der Blüte, klappt das Schiffchen mit den Flügeln herunter, der Griffel tritt hervor und berührt zuerst mit der Narbe und anschließend mit der mit eigenem Pollen gefüllten Bürste den Körper des Bestäubers. Der Nektar wird auf der ganzen Fläche des Blütenbodens abgesondert und ist für die Insekten leicht zugänglich. Robinienblüten sondern große Mengen an Blütennektar ab.

Als Pollenspender ist die Robinie von geringer Bedeutung. Der Pollen wird von den Bienen in kleinen hellgrauen Höschen gesammelt und besitzt einen geringen Eiweißgehalt.

Die Blühperiode beginnt meist Ende April und dauert etwa zwei Wochen. Bei hohen Temperaturen kann sie auch kürzer sein. Bienenwirtschaftlich ist die Robinie in Südosteuropa von großer Bedeutung.

ALPENROSENHONIG

Vorkommen des Honigs

aus dem Hochgebirge, selten

Der Honig

Alpenrosenhonige sind rar. Die Produktionszonen beschränken sich auf wenige Gebiete im alpinen Bereich zwischen Wald- und Baumgrenze. Obwohl in günstigen Jahren durchaus interessante Honigerträge von bis zu 30 Kilogramm je Bienenvolk erzielt werden, ist eine Wanderung mit Bienen in diese Höhenlage aufgrund der meteorologischen Voraussetzungen sehr riskant.

Alpenrosenhonig ist in flüssigem Zustand strohgelb und wird hellbeige, sobald er kristallisiert. Die Kristalle sind fein und kompakt. Der schwache, kaum wahrnehmbare Geruch nach Wassermelone und feuchtem Moos ist nur schwer zuordenbar. Am Gaumen angenehm, floral, sehr elegant, ausgeprägte Süße, kurzer Abgang. Honig von der Alpenrose enthält nur wenig Pollen und ist reich an Enzymen.

Die Pflanze

Die Alpenrose, lat. *Rhododendron spp.*, gehört zur Familie der Heidekrautgewächse, *Ericaceae.* Die Pflanzenfamilie ist weltweit verbreitet und umfasst etwa 500 Arten von kleinen Sträuchern bis zu Bäumen von mehreren Metern Höhe. Zur selben Familie gehören auch Baum- und Besenheide, die in Küstenregionen Nordspaniens und Frankreichs sowie in den Heideregionen Deutschlands zu den wichtigsten Nektarspendern zählen.

Die Alpenrose ist ein immergrüner Strauch mit rosa- bis purpurroten Blüten und stammt ursprünglich aus Tibet und China. Ihr Vorkommen beschränkt sich auf die baumfreie Zone im Gebirge ab 1500 Metern und reicht bis in Höhen von etwa 2400 Metern. Die Pflanze besiedelt häufig Geröll- und Schutthalden und bereitet durch Humusbildung den Boden für eine geschlossene Vegetationsdecke vor. Der Blühzeitraum umfasst die Monate Juni und Juli. Die Blüten haben Drüsen, die ein ätherisches Öl absondern. Die Pflanze ist an sich nicht winterhart, überdauert strenge Winter jedoch gut unter einer Schneedecke. Die Alpenrose gilt als eine der wichtigen Nahrungsquellen für Insekten im alpinen Bereich. Einige außereuropäische Ericaceae-Honige wie z.B. Honig von *Rhododendron ponticum* in Kleinasien enthalten Andromedotoxin, einen aus dem Nektar der Pflanzen stammenden Stoff, der auf den Menschen berauschend wirkt.

BASTARDINDIGOHONIG

Vorkommen des Honigs

gesamter Balkanraum, selten

Der Honig

Da sich das massenhafte Vorkommen der Pflanze auf kleine Gebiete beschränkt, ist reinsortiger Honig vom Bastardindigo rar.

Der Bastardindigohonig ist in flüssigem Zustand hellbernsteinfarben. Die feincremige Kristallisation erfolgt erst einige Monate nach der Ernte. Der Geruch ist fruchtig und von mittlerer Intensität. Am Gaumen ist der Honig delikat und leicht säuerlich mit Aromen von Zitrusfrüchten. Er ist sehr pollenreich. Sofern im Flugradius der Bienen auch Akazien anzutreffen sind, findet man im Honig von Bastardindigo auch häufig Anteile von Akaziennektar, da diese Pflanze kurz davor blüht. Honig von Bastardindigo ist erst seit den späten 1980er-Jahren unter dieser Bezeichnung auf dem Markt zu finden. Sein »Entdecker« ist ein Imker aus dem Friaul: Aufgrund schlechter Wetteraussichten im Frühsommer des Jahres 1989 entschied der Imker Luciano Zucco aus Buttrio, mit seinen Bienen nicht wie jedes Jahr um diese Zeit zur Akazienblüte in die Berge zu wandern. Die zwölf Völker blieben in der Nähe seines Hauses. Der aufmerksame Imker bemerkte, dass seine Bienen in den darauffolgenden Tagen direkt zum etwa 500 Meter entfernten Fluss Torrente flogen und mit großen

Nektarmengen und orangefarbenem Pollen zurückkehrten. Als er dort Nachschau hielt, fand er viele seiner Insekten auf den lila Blüten einer ihm unbekannten Pflanze. Zucco kontaktierte Professor Simonetti, einen Bienenexperten und Botaniker, den er von einem Imkerkurs her kannte. Dieser konnte ihm am Telefon spontan den Namen der neuen Bienentrachtpflanze nennen. Da der neue Honig hervorragend schmeckte, sandte Zucco eine Probe zur nationalen Honigverkostung *Tre Gocce d'Oro*. Eine im Zusammenhang mit dem Wettbewerb vorgeschriebene Pollenanalyse an der Universität von Bologna brachte eine Überraschung: Die neue friulanische Honigsorte *Amorpha fruticosa* war entstanden.

Die Pflanze

Der Bastardindigo, lat. *Amorpha fruticosa*, zählt zur Familie der Hülsenfrüchtler, *Fabaceae*.

Bei der Pflanze handelt es sich um einen Strauch, der eine Höhe von bis zu drei Metern erreichen kann. Der Bastardindigo stammt ursprünglich aus Nordamerika und wurde Anfang des 18. Jahrhunderts als Zierpflanze eingeführt. In einigen Regionen der Südalpen und der Balkanländer hat er sich stark verbreitet und ist häufig entlang von Flüssen anzutreffen. Die Pflanze bevorzugt gut durchlässige, steinige Böden an sonnigen und geschützten Standorten und kommt auch an extrem trockenen und sandigen Stellen vor. Aufgrund der Trockenheitsresistenz und der starken Durchwurzelung des Bodens wurde der Bastardindigo häufig zur Sicherung von erosionsgefährdeten Böden gepflanzt. Günstige Lebensräume findet die Pflanze auch in Fluss- und Bachauen tieferer Lagen, in Kiesgruben und in Stadtgebieten. Wie viele andere Hülsenfrüchtler ist auch der Bastardindigo in der Lage, mit Hilfe von Knöllchenbakterien Stickstoff zu fixieren.

Der Blütezeitraum der Pflanze erstreckt sich von Ende Mai bis August. Die kleinen blau-violetten Blüten stehen in etwa zehn Zentimeter langen Trauben nach oben. Die Nektarabsonderung der Blüte ist sehr ergiebig. Die Pflanze wird neben der Honigbiene auch von anderen Bestäubungsinsekten besucht.

BAUMHEIDEHONIG

Vorkommen des Honigs

aus küstennahen Hügelzonen, selten

Der Honig

Der Sortenhonig von der Baumheide ist rar und hat eine ausgeprägte Typizität. Er kristallisiert rasch und feinkörnig, und seine Farbe ist beige. In der Nase ist der Honig am markanten Duft nach Lakritze und Leder leicht erkennbar. Am Gaumen komplexe Aromen von Karamell, Kakao und verbranntem Holz. Die Süße ist schwach ausgeprägt und wird von einer lebhaften, frischen Säure überlagert. Der Honig verschwindet nur langsam vom Gaumen, begleitet von Bittertönen und leichter Adstringenz. Selbst wenn der Honig nicht reinsortig ist, da Miteinträge von anderen Trachtpflanzen erfolgten, ist der Charakter von Baumheide im Honig dennoch dominant.

Die Pflanze

Die Baumheide, auch Frühjahrsheide genannt, lat. *Erica arborea*, zählt zur Familie der Heidekrautgewächse, *Ericaceae*. Die Blüte an der Küste des Mittelmeeres beginnt bereits im zeitigen Frühjahr ab Ende März. Die Blätter sind nadelförmig, die weißen Blüten klein und wohlriechend. Die Baumheide kann eine Höhe von drei bis vier Metern erreichen und ist Teil der mediterranen Macchienvegetation. Die Pflanze ist für die Frühjahrsentwicklung der Bienen von großer Bedeutung. Nur in Jahren, in denen die Bienen wesentlich mehr produzieren, als sie selbst benötigen, kann der Honig vom Imker geerntet werden.

BAUMWOLLHONIG

Vorkommen des Honigs

aus Feldkulturen, selten

Der Honig

Im Balkanraum erzeugen Imker Baumwollhonig aus Plantagen in Mazedonien und Griechenland. Die Farbe des Honigs ist hellbernsteinfarben. Im Geschmack wirkt Baumwollhonig sehr süß und zeigt eine schwache Würze, die an milden Chili erinnert. Der Honig verschwindet rasch vom Gaumen und hinterlässt kaum Nachgeschmack. Baumwollhonig kristallisiert innerhalb von wenigen Wochen und ist dann sehr feinkörnig.

Die Pflanze

Die Baumwollpflanze, lat. *Gossypium spp.*, ist eine Pflanzengattung innerhalb der Familie der Malvengewächse, lat. *Malvaceae*. Die sehr alte Kulturpflanze wird im subtropischen Klima kultiviert und benötigt intensive Bewässerung und hohen Pestizideinsatz. Die Baumwollblüte beginnt im Juli und dauert mehrere Monate.

BEDUNICAHONIG

Vorkommen des Honigs

aus dem Hochgebirge Südalbaniens und Nordgriechenlands, sehr rar.

Der Honig

Bedunicahonig ist hellgelb mit grünlichem Farbton und neigt zur raschen und feinen Kristallisation. Im kristallisierten Zustand ist er elfenbeinfarben. Der Geruch ist zartfloral. Am Gaumen Aromen von weißer Schokolade mit einem rauchigen Bitterton. Bedunicahonig zeigt eine erstaunliche Länge im Abgang.

Die Pflanze

Die Nektarquelle für Bedunicahonig ist eine Pflanze namens *Staehelina uniflosculosa.* Die zur Familie der Korbblütler, lat. *Asteraceae,* zählende Pflanze ist auf dem Balkan endemisch und bildet ausschließlich in einigen Hochgebirgszonen des Nationalparks Hotova-Dangell, nordöstlich von Përmet, größere Bestände. Die Blütezeit der 1813 erstmals beschriebenen Pflanze beginnt im August, und die Ernte des Honigs erfolgt im Oktober.

BOHNENKRAUTHONIG

Vorkommen des Honigs

aus karstigen Hügelzonen, selten

Der Honig

Reinsortige Bohnenkrauthonige sind selten zu finden. Meist sind sie Bestandteil von europäischen Berghonigen aus dem Mittelmeerraum. Bekannt sind Bohnenkrauthonige aus dem Karst sowie unter der Bezeichnung *Miel de Sarriette* aus der Provence.

Der Honig zeigt sich hellgelb mit grüner Farbtönung, solange er flüssig ist. Die Kristallisation erfolgt rasch, feinkörnig und in weicher Konsistenz. Kristallisierter Bohnenkrauthonig ist graugrün. Der Geruch ist intensiv und erinnert an getrocknete Kräuter. Am Gaumen mittlere Süße sowie ein intensiver und anhaltender Bitterton mit Noten von Kaffee und getrockneten Kräutern. Bohnenkrauthonige sind reich an Enzymen.

Die Pflanze

Das Bohnenkraut, lat. *Satureja spp.,* gehört wie Thymian und Oregano zur Familie der Lippenblütler, *Labiatae.* Lippenblütler zählen zu den zehn größten Pflanzenfamilien weltweit. Sie umfassen etwa 3 200 Arten und haben im Mittelmeerraum ihre größte Verbreitung. Der Name der Pflanze bezieht sich auf die Verwendung als Küchengewürz, insbesondere für Bohnengerichte. Alle Lippenblütler sind ausgiebige Nektarspender für Bienen und andere Insekten. Die meisten der insgesamt 130 Bohnenkrautarten sind im östlichen Teil des Mittelmeeres beheimatet. Die Blüten werden sehr gerne von Hummeln und Honigbienen besucht. Der aromatische Inhaltsstoff Carvacrol ist insbesondere für die beiden kultivierten Arten Einjähriges Bohnenkraut (lat. *Satureja hortensis)* sowie Bergbohnenkraut (lat. *Satureja montana)* kennzeichnend und wird aus zahlreichen großen Drüsen abgeschieden. Das Bergbohnenkraut ist in trockenen Gebirgszonen bis in etwa 1 500 Metern Seehöhe zu finden. Die Blüte erstreckt sich von Juli bis September. Die Pollenausbeute ist bescheiden.

BROMBEERHONIG

Vorkommen des Honigs

aus trockenen Waldgebieten im gesamten Balkanraum, selten

Der Honig

Brombeernektar ist an vielen Frühjahr- und Sommerhonigen beteiligt. Reinsortige Honige mit Brombeere als Leitpollen sind selten und kommen vor allem in den trockenen Waldgebieten der Niederungen und Hügelzonen vor. Der Honig ist in flüssigem Zustand hellgelb, sobald er kristallisiert, weißgrau. Ist ein Miteintrag von Honigtau vorhanden, sind die Honige bernsteinfarben und wesentlich dunkler. Geruch und Geschmack sind von mittlerer Intensität und erinnern an getrocknete Früchte und Konfekt.

Die Pflanze

Die Brombeere, lat. *Rubus fruticosus*, zählt wie die Himbeere zur Familie der Rosengewächse, *Rosaceae*. Die Gliederung von Hunderten Arten von *Rubus*, die auf der Erde vorkommen, bereitet Botanikern große Schwierigkeiten. Die Probleme der Zuordnung werden durch die Verkreuzung der Arten untereinander noch verstärkt.

Die Brombeere ist in Europa heimisch und ihre Kultivierung begann Mitte des 19. Jahrhunderts. In der Folge sind viele Sorten mit den Hauptzuchtzielen Frostresistenz und gute Haltbarkeit entstanden. *Rubus*-Arten wie Brombeere zählen zu den begehrtesten und ausgiebigsten Futterquellen der Bienen. Durch die weite Verbreitung der Wildform ist die Brombeere im gesamten Balkanraum von großer bienenwirtschaftlicher Bedeutung. Die Blüte reicht von Mai bis Juli. Das Zuckerbild des Blütennektars weist annähernd gleich große Anteile für Fructose, Glucose und Saccharose auf. Die Blüten sind sehr pollenreich, und die Absonderung erfolgt ganztägig. Der graufarbige Pollen gilt mit 4,6 Prozent Stickstoffanteil als stickstoffreich.

BUCHWEIZENHONIG

Vorkommen des Honigs

aus Feldkulturen, selten

Der Honig

Reinsortiger Buchweizenhonig ist rar. Von größerer Bedeutung ist er in einigen Ländern Ost- und Südosteuropas, insbesondere in der Ukraine, in Polen und in Slowenien.

Buchweizenhonig ist dunkelbernsteinfarben. Er hat eine mittlere Tendenz zur Kristallisation und wird daher oft cremig gerührt. Der Geruch ist sehr charakteristisch und leicht zu erkennen: äußerst kräftig und rustikal, erinnert an Leder und Stall. Am Gaumen herrscht durch Mentholaromen ein Eindruck von Frische und ein angenehmes Verhältnis von Zucker und Säure vor. Der sehr lange Abgang dieses Honigs ist geprägt von animalischen Aromen. Diese werden von manchen Konsumenten überaus geliebt, von anderen als »Schweinestallgeruch« abgelehnt.

Die Pflanze

Der Buchweizen, lat. *Fagopyrum esculentum*, zählt wie Rhabarber zur Familie der Knöterichgewächse, *Polygonaceae*. Mehrere Gattungen der Knöterichgewächse sind als Nektar- und Pollenlieferanten von Bedeutung – so wie beispielsweise der Wiesenknöterich und eben auch der Buchweizen. Manche liefern den Bienen auch nur Pollen, wie z.B. der Ampfer. Die deutsche Bezeichnung »Buchweizen« bezieht sich auf das Aussehen und die Verwendung der Frucht: Die dreikantige Gestalt ähnelt den Bucheckern. Die Körner verwendet man zur Herstellung von Mehl. Der Buchweizen kam im Mittelalter von Mittelasien nach Europa und ergänzte als Pseudocerealie das Getreideangebot. Der Einsatz von Kunstdünger machte den Anbau von anspruchsvolleren Feldfrüchten auch auf schlechten Böden möglich und verdrängte so den anspruchslosen Buchweizen wieder von den Feldern. Noch heute wird Buchweizen vor allem in Slowenien angebaut, wo er seit langer Zeit auch Zutat in vielen traditionellen Speisen ist. Die auffällig weiß bzw. rosa blühenden Felder haben, sofern auf eine Honigernte verzichtet wird, auch große Bedeutung für die Selbstauffütterung der Bienen für die Ruhezeit im Winter und waren daher immer schon beliebtes

Ziel von Wanderimkern. Außerdem erfreut sich Buchweizen als Gründüngungspflanze nach Getreide zunehmender Verbreitung. Buchweizen ist anspruchslos und gedeiht auch auf nährstoffarmen Böden. Die Pflanze ist einjährig und hat eine spindelförmige Wurzel. Die Blüten öffnen sich frühmorgens und schließen sich gegen drei Uhr nachmittags. Jede Blüte öffnet sich jeweils nur einen Tag, die Nektarabsonderung dauert ein bis vier Stunden. Da sich jedoch bis zu 1 800 Blüten auf einer Pflanze befinden, ist Buchweizen dennoch eine gute Nektarquelle. Allerdings bestehen große Unterschiede zwischen den einzelnen Kultursorten. Buchweizen ist auch ein bedeutender Pollenspender für die Bienen.

CHRISTUSDORNHONIG

Vorkommen des Honigs

aus karstigen Hügelzonen, häufig

Der Honig

Christusdornhonig ist rötlich-bernsteinfarben. Er zeigt eine rasche Tendenz zur grobkörnigen Kristallisation. Der Geruch ist floral und von mittlerer Intensität mit Noten von Wildkarotte und Koriander, am Gaumen Aromen von Tonkabohne und Weidenrinde.

Die Pflanze

Der Christusdorn, lat. *Paliurus spina-christi*, zählt wie der Faulbaum zur Familie der Kreuzdorngewächse, *Rhamnaceae*. Der bis zu sechs Meter hohe Strauch ist typisch für die mediterrane Spontankultur und in den trockenen Regionen Südosteuropas weit verbreitet. Die eiförmigen Blätter färben sich im Sommer gelblich. Die Nebenblätter sind in spitze Dornen umgewandelt. Die kleinen gelben Blüten zeigen die typischen Merkmale der Kreuzdorngewächse und dienen zahlreichen Insekten als Nahrungsquelle. Die Blütezeit ist von Juni bis August und die braunen, holzigen Früchte reifen von Oktober bis Dezember.

Die Pflanze bevorzugt lehmige Standorte und wächst nur auf freien oder leicht beschatteten Stellen. Sie ist gut hitze- und frostverträglich und kann nach oberirdischer Beschädigung aus dem Wurzelstock wieder austreiben. In Nordamerika wird der Christusdorn häufig als Heckenpflanze genutzt.

EDELKASTANIENHONIG

Vorkommen des Honigs

aus Hügel- und Bergregionen, häufig

Der Honig

Gleich wie bei Lindenhonig sind die Quellen des Edelkastanienhonigs sowohl der Blütennektar als auch der Honigtau der Pflanze. Edelkastanienhonig hat einen karneolroten Farbton. Aufgrund des hohen Gehalts an Fructose bleibt er lange flüssig, mit Tendenz zu langsamer und grobkörniger Kristallisation. Je dunkler der Honig ist, desto höher ist sein Anteil an Honigtau. Der Geruch ist sehr intensiv und anhaltend und kaum mit anderen Sorten zu verwechseln. Er erinnert an verbranntes, nasses Holz, an nassen Tabak und Gerbstoff. Am Gaumen zeigt Edelkastanienhonig seine ganze Komplexität: Bittertöne, feuchtes Eichenholz, Leder. Der Honig ist verhalten süß, Säurenoten sind kaum wahrnehmbar. Im Finale ein sehr langer Abgang mit bleibendem Eindruck von Tannin. Der ausgeprägte Bitterton dieses Honigs, der noch stärker zur Geltung kommt, wenn man ihn leicht erwärmt, eignet sich hervorragend als Kontrast zu Frischkäse.

Die Pflanze

Die Edelkastanie, lat. *Castanea sativa*, gehört zur Familie der Buchengewächse, *Fagaceae*. Blühende Edelkastanienbäume verströmen einen streng bitteren Duft, der sich auch im Honig wiederfindet. Sie sind durch die auffälligen, bis zu 20 Zentimeter langen, leuchtenden Blütenstände schon von Weitem erkennbar. Kastanien sind wärmeliebend und benötigen tiefgründige Böden. Sie überstehen Trockenperioden sehr gut, da sie sehr tiefreichende Wurzeln haben. Edelkastanien wachsen bevorzugt an sandigen Standorten und vertragen strenge Winterfröste schlecht. Abgestorbene Bäume treiben häufig erneut aus. Leider sind die heimischen Bestände schon seit Jahren durch Pilze bedroht, die in die Rinde eindringen und eine krebsartige Wucherung verursachen. Edelkastanien können bis zu 30 Meter hoch werden und ein Alter von mehreren hundert Jahren erreichen. Die Blühfähigkeit setzt etwa ab dem 20. Jahr ein. Die Blätter sind länglich und scharf gezahnt. Die stärkereichen Früchte werden von einer stacheligen Hülle umschlossen, die im Herbst aufspringt und die Maroni freigibt. Die Nektarabsonderung ist reichlich und wirkt sehr anziehend auf Honigbienen und andere Insekten. Die Edelkastanie ist eine begehrte Kulturpflanze, von der es zahlreiche Sorten gibt. Größere Naturbestände kommen vor allem in den Ländern Süd- und Südosteuropas vor. Bedeutend ist die Edelkastanie auch als Pollenlieferant. Sie zählt in Südeuropa zu den wichtigsten Pollenquellen der Bienen. Die Farbe der Kastanienpollen ist gelbgrün und der Stickstoffanteil mit 4,27 Prozent sehr hoch. Die Esskastanie war bis ins 19. Jahrhundert in vielen Tälern der Südalpen ein wichtiges Nahrungsmittel für die Landbevölkerung, da sie viel Stärke enthält. Erst nach der Intensivierung der Landwirtschaft wurde sie von der Kartoffel abgelöst.

EFEUHONIG

Vorkommen des Honigs

aus feuchten Waldstandorten, sehr selten

Der Honig

Aufgrund der späten Blüte der Pflanze im September und Oktober sind reinsortige Honige rar. Ein gewisser Anteil an Efeu findet sich häufig in nordeuropäischen Heidehonigen sowie in Honigen aus größeren Städten. Der Honig kristallisiert aufgrund des hohen Glucosegehaltes sehr rasch und muss daher unmittelbar nach Blühende geerntet werden. Die Honigfarbe ist grau mit grünlichem Schimmer. Im floralen Geruch ist ein deutlicher Zimtton wahrnehmbar. Am Gaumen ist Efeuhonig süßsäuerlich mit Gerbstoff- und Kaffeearomen und weist einen langen Abgang auf. Die Konsistenz ist feincremig. Reinsortige Efeuhonige sind als Überwinterungsfutter für Bienen wegen des hohen Glucose- und geringen Wassergehaltes schlecht geeignet und können Bienenschäden verursachen.

Die Pflanze

Der Gemeine Efeu, lat. *Hedera helix,* ist eine Pflanze aus der Familie der Araliengewächse, *Araliaceae.* Die 60 Gattungen der Familie mit ihren 700 Arten sind hauptsächlich in den Tropen verbreitet. In Mitteleuropa ist nur *Hedera helix* von Bedeutung. Das Verbreitungsgebiet erstreckt sich vom Flachland bis in die subalpine Vegetationsstufe von etwa 1 800 Metern Seehöhe. Der Efeu gedeiht auf allen Bodenarten, liebt jedoch kalkreiche, humose und feuchte Standorte. Sehr häufig kann Efeu in Auwäldern, Steinbrüchen und Ruinen angetroffen werden. Da Efeu sehr einfach über Stecklinge vermehrt werden kann, gibt es auch zahlreiche kultivierte Spielarten, die sich in Form und Farbe des Blattes unterscheiden.

Efeu ist ein kletternder Strauch mit Haftwurzeln, der unter günstigen Bedingungen bis zu 20 Meter hoch und mehr als 400 Jahre alt werden kann. Das Laub ist immergrün. Die kleinen Blüten stehen in traubenförmig angeordneten Dolden und haben fünf bis zehn gelbgrüne Kronblätter. Die kugelförmige, grünlich-schwarze Frucht reift erst im folgenden Jahr. Die Efeublüte sondert reichlich Nektar ab und ist als späte Nahrungsquelle in den Monaten September und Oktober für viele Insektenarten von großer Bedeutung. Als Besucher findet man u. a. Honig- und Wildbienen, Wespen, Schwebfliegen und Schmetterlinge.

Efeublüten sondern auch Pollen ab, der von den Bienen in kleinen graugelben Höschen gesammelt wird und mit 4,5 Prozent Stickstoffgehalt zu den stickstoffreichen Pollenarten zählt. In manchen Gebieten kann Efeupollen einen bedeutenden Anteil an der gesamten Pollenmenge ausmachen.

Sämtliche Pflanzenteile des Efeus sind für den Menschen giftig. Die Pflanze hatte bereits im Altertum hohe symbolische Bedeutung. Sowohl der altägyptische Gott Osiris als auch der griechische Weingott Dionysos wurden häufig mit Efeulaub bekränzt dargestellt. In frühen christlichen Bildern galt der immergrüne Efeu als Symbol des ewigen Lebens und der Treue.

EICHENHONIG

Vorkommen des Honigs

aus mediterranen Küstenwäldern, häufig

Der Honig

Die Farbe des Eichenhonigs ist dunkelbraun, bei Reinsortigkeit fast schwarz. Er zeigt eine geringe Tendenz zur Kristallisation. Würzige Geruchsaromen nach Gerstenmalz machen den Honig leicht erkennbar. Am Gaumen ist Eichenhonig sehr komplex mit lang anhaltendem Bitterton und Aromen von Trockenfrüchten und Lakritze.

Die Pflanze

Die Eiche, lat. *Quercus spp.*, zählt zur Familie der Buchengewächse, *Fagaceae*. Eichen kommen in der gesamten gemäßigten Zone der nördlichen Hemisphäre vor. Insgesamt kennt man an die 500 Arten. Von den europäischen Arten sind einige im Mittelmeerraum beheimatet und bilden größere Bestände. An einigen Arten von Eichen können Läuse Honigtau produzieren. Besonders verbreitet ist diese Trachtquelle für Bienen an der mediterranen Steineiche, lat. *Quercus ilex,* und an den bienenwirtschaftlich wichtigsten Eichenarten des Balkans, *Quercus hartwissiana* und *Quercus frainetto* im Nationalpark Strandscha am Schwarzen Meer. Die Honigtauproduktion ist am Ende des Frühlings, wenn viele Frühlingsblüten bereits rar geworden sind. In Mittel- und Osteuropa sind vor allem zwei Eichenarten verbreitet: die Stieleiche, lat. *Quercus robur*, sowie die Traubeneiche, lat. *Quercus petraea*. Beide Arten haben für die Honigtauproduktion jedoch keine Bedeutung.

Eichen sind Windbestäuber und besitzen keine Nektarien. Sie liefern den Bienen im Frühjahr Pollen und im Sommer Honigtau. Eichenpollen ist gelbgrün und wird von den Bienen vor allem vormittags gesammelt. Aufgrund von zahlreichen Pollenfunden kann man davon ausgehen, dass die Eiche in früheren Zeiten eine wesentlich größere Verbreitung hatte als heute. Noch im Mittelalter wurden die großflächigen Eichenwälder und insbesondere ihre nahrhaften Früchte als Weide für Schweine genutzt. Die Eiche hatte aufgrund ihres mächtigen Wuchses und des hohen Alters, das sie erreichen kann, immer schon eine besondere symbolische Bedeutung für den Menschen. Es waren heilige Bäume. Viele Wallfahrtsorte und Namen haben Bezug zu diesem Laubbaum. Das Holz der Eiche ist besonders schwer und dauerhaft. Es war deshalb als Baumaterial für Brücken, Gebäude und Schiffe sehr begehrt.

ERDBEERBAUMHONIG

Vorkommen des Honigs

aus küstennahen Hügelzonen, sehr selten

Der Honig

Aufgrund des späten Blühzeitpunktes der Pflanze sind reinsortige Erdbeerbaumhonige rar. Meist bleibt der Honig als Wintervorrat im Bienenstock. Die Farbe des Erdbeerbaumhonigs ist hellbernsteinfarben, solange er flüssig ist. Nach erfolgter Kristallisation, die fein und homogen ausfällt, erscheint der Honig beigehaselnussfarben. Der sehr charakteristische, phenolische Geruch nach Kaffeesud macht den Honig leicht erkennbar. Am Gaumen verstärkt sich der Geruchseindruck. Ein markanter, lang anhaltender Bitterton sowie eine frische Säure verdecken die Süße des Honigs. Erdbeerbaumhonig ist leicht adstringierend und sehr lange im Abgang. Aufgrund des späten Erntezeitpunktes ist die Gefahr eines erhöhten Wassergehaltes und einer damit verbundenen Angärung im Honig gegeben.

Die Pflanze

Der Erdbeerbaum, lat. *Arbutus unedo*, zählt zur Familie der Heidekrautgewächse, *Ericaceae*. Er ist, gemeinsam mit Steineiche, Myrte und Baumheide, ein typisches Gewächs der immergrünen Macchien des Mittelmeerraumes. Die Sträucher oder Bäume erreichen eine Höhe von drei bis fünf Metern und finden sich in küstennahen Gebieten bis in einer Seehöhe von etwa 1000 Metern. Die Pflanze verträgt längere Trockenperioden sehr gut und wird häufig zur Wiederaufpflanzung nach Waldbränden verwendet. Erdbeerbaum liebt leicht saure Böden und ist kalkunverträglich. Der immergrüne Erdbeerbaum ist dicht verzweigt. Die Farbe der Blüten ist weiß und an der Sonnenseite zartrosa. Die Blütezeit fällt in die Monate Oktober bis November. An den Zweigen finden sich gleichzeitig Blüten und die etwa zwei bis drei Zentimeter großen roten Früchte, die an Erdbeeren erinnern. Die süßen Früchte, die viel Vitamin C enthalten, sind genießbar, können allerdings Allergien auslösen.

Bestäubt wird der Erdbeerbaum ausschließlich von Insekten, in erster Linie von Honigbienen.

ESPARSETTENHONIG

Vorkommen des Honigs

aus Feldkultur, selten

Der Honig

Esparsettenhonig ist meist Teil von Blütenhonigen, reinsortig ist er in Europa selten zu finden. Wie Honig von anderen Leguminosenarten ist auch der von der Esparsette sehr hell. Die Kristallisation erfolgt rasch und feinkörnig. Kristallisierte Honige sind fast weiß. Der Geruch des Honigs ist von schwacher Intensität, am Gaumen ist er süß mit Fruchtaromen. Die Kristallisation erfolgt rasch und feinkörnig. Esparsettenhonig ist sehr pollenreich.

Die Pflanze

Die Esparsette, lat. *Onobrychis viciifolia*, zählt zur Familie der Hülsenfrüchtler, *Fabaceae*. Sie ist eine langlebige und anspruchslose Futterpflanze. Aufgrund der geringen Ernteerträge ist ihr Anbau allerdings rückläufig. Sie ist gut geeignet für trockene und kalkreiche Böden mit undurchlässigem Untergrund, weil hier ihre mächtige Pfahlwurzel gut eindringen kann. Insgesamt gibt es etwa 100 Arten von *Onobrychis*, die vor allem im östlichen Mittelmeergebiet beheimatet sind. Oft findet man die Pflanze auch in verwilderter Form in den Wiesen der Südalpen. Die Blüte der Esparsette hat eine Besonderheit, durch die die Insektenbestäubung sichergestellt wird. Beim Landen der Honigbiene klappen die beiden tiefer liegenden Kronblätter nach unten und der Fruchtknoten berührt den Bauch des Insekts, wobei Pollen auf die Narbe gelangt. Die Blühperiode der Pflanze erstreckt sich von Mai bis August.

FAULBAUMHONIG

Vorkommen des Honigs

aus Moorgebieten und Auwäldern, sehr selten

Der Honig

Faulbaumnektar ist ein wichtiger Bestandteil von Moor- bzw. Auhonigen. Reinsortig ist er sehr selten zu finden. Er ist dunkelbernsteinfarben mit leichtem Rotstich. Die Kristallisation erfolgt langsam und die Kristalle sind weich. In der Nase florale Noten von schwacher Intensität. Am Gaumen Aromen von getrockneten Bananen und Weichselmarmelade. Faulbaumhonig hat ein komplexes Geschmacksbild ohne Säure und Bitterton und verschwindet rasch vom Gaumen.

Die Pflanze

Der Faulbaum, lat. *Frangula alnus*, gehört zur Familie der Kreuzdorngewächse, *Rhamnaceae*. Die Familie umfasst 50 Gattungen mit 500 Arten von sommer- und immergrünen Bäumen und Sträuchern mit weltweiter Verbreitung. Der Faulbaum wächst als Strauch oder als Baum. Er kann eine Höhe von bis zu fünf Meter erreichen. Einfach erkennbar ist die Pflanze an den Früchten: grüne Beeren, die sich im Laufe des Sommers rot und zuletzt schwarzviolett verfärben. Die Vermehrung erfolgt hauptsächlich durch Stockausschläge über die Wurzel. Der Faulbaum verträgt Frost und starke Beschattung. Bei der natürlich fortschreitenden Verlandung eines Sees bildet der Faulbaum zusammen mit Weiden eine typische Vegetationsstufe, in der sich später Erlen ansiedeln können. Der Faulbaum kommt in Auwäldern, an Flussläufen und in quellenreichen Gebieten bis in 1 400 Metern Seehöhe vor. Er ist in ganz Europa auch als Charakterbaum von Sumpfgebieten typisch. Der Blütezeitraum ist Mai bis Juni. Das Nektar absondernde Drüsengewebe kleidet die ganze Innenseite des Blütenbechers aus und kann von kurzrüsseligen Insekten wie Bienen daher besonders gut erreicht werden. Die Pollenproduktion des Faulbaums ist für Bienen von untergeordneter Bedeutung. Beeren, Blätter und die frische Rinde des Baumes sind für den Menschen giftig.

FELDTHYMIANHONIG

Vorkommen des Honigs

aus trockenen Hügel- und Bergregionen, sehr selten

Der Honig

Trotz der weiten Verbreitung des Feldthymians sind reinsortige Honige selten und auf wenige Zonen mit massenhaftem Vorkommen beschränkt. Feldthymianhonig ist rötlich-bernsteinfarben. Die Kristallisation in groben Körnern erfolgt nur unvollständig. Der intensive, animalische Geruch des Honigs nach Schafstall ist charakteristisch. Am Gaumen ausgeprägte Mentholaromen, sehr süß und wenig Säure.

Die Pflanze

Der Feldthymian, lat. *Thymus serpyllum*, zählt zur Familie der Lippenblütler, *Labiatae*. Die Pflanze aus der Gattung der Thymiane, die häufig auch als Quendel bezeichnet wird, ist in ganz Europa verbreitet und bedeckt als duftender, roter Teppich mitunter weite Landstriche in trockenen Berg- und Hügelregionen. Der Feldthymian ist kalkmeidend und kommt oft in Pflanzengemeinschaft mit Kiefern vor. Besonders auf Granitböden findet sich *Thymus serpyllum* auf bis über 2000 Metern Seehöhe. Die Blütezeit erstreckt sich über die Monate April bis August. Die Pflanze ist ein Zwergstrauch von zehn bis 30 Zentimeter Höhe, der aus einem verholzten Wurzelstock die niederliegenden Stängel mit den kleinen Blättern ausbreitet. Er besiedelt sonnige Hügel, Mauern und Felsen. Der intensive Blütenduft ist auf den hohen Gehalt an ätherischen Ölen wie Cymol und Thymol zurückzuführen.

FENCHELBLÜTENHONIG

Vorkommen des Honigs

aus Feldkulturen, sehr selten

Der Honig

Fenchelhonige sind sehr rar und nur aus Feldkulturen zu finden. Der Farbton ist dunkelbernstein. Der Honig kristallisiert rasch und zeigt in der Nase zarte Gewürzaromen, die an Kaffee erinnern. Am Gaumen herrscht ein komplexer Geschmack mit mittlerer Intensität nach gekochtem Fenchel und Kaffee vor. Das Aroma bleibt lange am Gaumen mit einem leichten Nachgeschmack nach ranzigen Nüssen.

Die Pflanze

Der Fenchel, lat. *Foeniculum vulgare*, zählt zur Familie der Doldenblütler, lat. *Umbelliferae*. Wilder Fenchel kommt im gesamten Mittelmeerraum und in Vorderasien vor. Als Kulturpflanze im Garten ist er verbreitet zu finden, gedeiht jedoch nur in wärmeren Lagen. Fenchel ist eine mehrjährige Pflanze. Der Blühzeitraum der Pflanze ist Juni bis Juli. Die Samen mit ihren ätherischen Ölen werden zur Produktion von alkoholischen Getränken verwendet.

FICHTENHONIG

Vorkommen des Honigs

aus Bergzonen mit kontinentalem Klima, selten

Der Honig

Fichtenhonig zeigt sich in dunkler Bernsteinfarbe mit mattem Schimmer von Rot und Braun. Der Geruch nach schwarzem Pfeffer, Wacholder und Weihrauch ist intensiv. Mittlere Süße und Malzaromen von gerösteter Gerste kennzeichnen den Geschmack. Säure und Bittertöne sind nicht wahrnehmbar. Fichtenhonig bleibt sehr lange am Gaumen.

Der Rohstoff von Fichtenhonig ist Honigtau, ein Sekret von pflanzensaugenden Insekten, das von den Bienen gesammelt und mit Enzymen versetzt wird. Honige von Fichte und Tanne werden oft vereinfacht als »Waldhonige« bezeichnet und stellen schon aufgrund ihres botanischen Ursprungs eine Besonderheit dar. Sie zählen zu den geschmacklich komplexesten Kreationen der Honigbiene und entwickeln durch mehrjährige Lagerung auch interessante Reifearomen. Meist bleiben Fichtenhonige lange im flüssigen Zustand. Bei einem hohen Gehalt an Melezitose kann es allerdings auch zu einer sehr raschen Kristallisation, oft noch vor der Ernte, kommen. Analytisch unterscheiden sich Waldhonige von Blütenhonigen durch die Anwesenheit von Rußtaupilzen und Algenzellen bei gleichzeitig geringem Pollengehalt. Ein weiteres Kennzeichen ist eine hohe elektrische Leitfähigkeit, bedingt durch einen hohen Gehalt an Mineralstoffen, insbesondere Kalium. Waldhonige haben weiters einen hohen Gehalt an phenolischen Komponenten und eine hohe oxidationshemmende Aktivität. Sie hemmen somit die Freisetzung von freien Radikalen. Diese Eigenschaft wird auch an Manuka-Honigen sehr geschätzt. Neben Honigtau von Fichte und Tanne sind an Waldhonigen häufig auch Nektarquellen von Blütenpflanzen wie Himbeere, Heidelbeere oder Berg-Ahorn beteiligt.

Die Pflanze

Die Fichte, lat. *Picea abies*, zählt zur Familie der Kieferngewächse, *Pinaceae*.

Der Nadelbaum ist Hauptbestandteil der mitteleuropäischen Wälder und sein Vorkommen reicht bis nach Südosteuropa. Die Fichte hat ein flaches, tellerförmiges Wurzelsystem. Fichten sind *Gymnosperme* (Nacktsamer), die Samenanlagen liegen also frei auf den Fruchtblättern. Es fehlen Blütenblätter, Fruchtknoten und Narbe. Die Nadelhölzer sind zum größten Teil einhäusig, d. h. männliche und weibliche Blüten befinden sich auf denselben Individuen. Die männlichen Blüten bilden Zäpfchen, die eine große Zahl an Staubblättern mit Pollensäcken tragen. Die Bestäubung erfolgt durch den Wind. Der Pollen von Fichte wird von je zwei Luftsäcken getragen, die das Schweben in der Luft und die Verbreitung erleichtern. Die Pollenproduktion beträgt bei der Fichte bis zu 600 000 pro Blüte. Zur Zeit der Waldblüte schweben gelbliche Pollenwolken über den Wipfeln, nach Regenschauern findet sich der Waldpollen auf dem Boden. Pollen von Nadelhölzern werden trotz der riesigen Produktionsmenge von Bienen selten gesammelt. Bei Fütterungsversuchen zeigte sich, dass er die Lebensdauer der Bienen verkürzt. Gute Standorte für die Produktion von Fichtenhonig finden sich vor allem auf Seehöhen um 700 bis 1 000 Meter. In höheren Lagen und in Trockengebieten erzeugen die Nadelgehölze nur selten Honigtau und meist nicht sehr ergiebig. In Mitteleuropa ist die Fichte der forstwirtschaftlich am intensivsten genutzte Baum. Die Gründe dafür sind der gerade Wuchs, das rasche Holzwachstum, die geringen Ansprüche an den Standort sowie die vielseitige Verwendbarkeit des Holzes. Fichtenholz findet Verwendung in der Papier- und Zellstoffindustrie und als Bau- und Möbelholz. Besonders wertvolle Hölzer von langsam gewachsenen Bäumen aus dem Hochgebirge werden auch für den Bau von Tasten-, Zupf- und Streichinstrumenten verwendet. Von großer Bedeutung sind die Nadelhölzer auch in Bannwäldern, die Siedlungen in hochalpinen Gebieten vor Lawinen und Steinschlag schützen.

GOLDREGENHONIG

Vorkommen des Honigs

Herzegowina, selten

Der Honig

Der Farbton des Honigs vom Dalmatinischen Goldregen ist dunkelrötlich. Er trübt rasch ein, kristallisiert jedoch langsam. Einer floralen Nase folgt ein intensiver und etwas derber Geschmack am Gaumen. Goldregenhonige sind vor allem in der Herzegowina sehr gefragt.

Die Pflanze

Der Dalmatinische Goldregen, lat. *Petteria ramentacea,* aus der Familie der Hülsenfrüchtler, lat. *Fabaceae,* ist eine endemische Karstpflanze, die im submediterranen Teil Dalmatiens, vor allem südlich des Flusses Cetina und im Gebiet von Neretva, weit verbreitet ist. Der aufrecht wachsende Strauch liebt sonnige Standorte und durchlässige Böden und erreicht eine Höhe von etwa zwei Metern. Die gelben Blüten sind zu Trauben vereinigt, die bis zu acht Zentimeter lang sind. Die Samen der Pflanzen enthalten das Alkaloid Cytisin und sind giftig. Das Wurzelsystem ist stark verzweigt, bindet den Boden und schützt so vor Erosion. Der Blühbeginn der Pflanze ist Ende April und wird von einem intensiven Duft begleitet. Der Blühzeitraum kann sich über mehrere Wochen hinziehen. Die von Einheimischen auch *Zanovet* oder *Tilovina* genannte Pflanze hat eine große bienenwirtschaftliche Bedeutung als Pollenspender im Frühjahr.

GOLDRUTENHONIG

Vorkommen des Honigs

entlang von Flüssen und aus Auwäldern, selten

Der Honig

Goldrutenhonig ist rar, kann aber vor allem in Auwäldern entlang von größeren Flüssen reinsortig gewonnen werden. Da der Blühzeitraum der Pflanze sehr spät ist, überschneidet sich die Ernte mit der Vorbereitungszeit der Bienen auf die Winterruhe. Der Honig bleibt aufgrund eines höheren Fructoseanteils lange flüssig. Der Farbton ist dunkelgelb mit bräunlichem Einschlag. Goldrutenhonige sind sehr aromatisch und stark parfümiert.

Die Pflanze

Die Goldrute, lat. *Solidago spp.*, zählt wie die Sonnenblume zur Familie der Korbblütler, *Asteraceae.* Die Gattung *Solidago* ist hauptsächlich in Nordamerika verbreitet. Von weltweit etwa 80 Arten ist in Europa nur die Gewöhnliche Goldrute, lat. *Solidago virgaurea,* heimisch. Zwei amerikanische Arten, die in Europa als Zier- und Gartenpflanzen eingeführt wurden, haben sich gut in die heimische Flora eingefügt und sind verwildert. Das sind die Kanadische Goldrute, lat. *Solidago canadensis,* und die Riesen-Goldrute, lat. *Solidago gigantea.* Die Goldrute gedeiht auf jeder Art von Boden, besonders gut auf feuchtem, kräftigem Auboden, und kann auch Schattenlagen gut vertragen. Sie breitet sich entlang von Gewässern aus. Die Vermehrung der ausdauernden, krautigen

Pflanze erfolgt in erster Linie durch Wurzelausläufer, da die Samen selten keimfähig sind. Der Neophyt erreicht eine Höhe von bis zu zwei Meter. Die Goldrute gilt als Pionierpflanze. Sie schafft es, Böden, die etwa durch industriellen Maisanbau jahrelang ausgelaugt wurden, neu zu besiedeln.

Für die Imkerei ist das massenhafte Auftreten der Goldrute ein Segen. In einer Jahreszeit, in der kaum noch Blüten vorkommen, also etwa ab Mitte Juli, bietet diese Pflanze den Bienen reichlich Pollen und Nektar. Aber auch Wildbienen, Schwebfliegen, Tagfalter und Käfer befliegen die Blüten intensiv. Die Goldrute findet in Form von Tee auch Anwendung als Heilmittel. Die Wirkung wird als harntreibend, entzündungshemmend, krampflösend und antioxidativ beschrieben. Außerdem hat die Pflanze eine pilzhemmende Wirkung und lindert Nierenleiden.

GÖTTERBAUMHONIG

Vorkommen des Honigs

aus Hügelzonen, selten

Der Honig

In China, der Heimat des Götterbaumes, gilt der aromatische Honig als Spezialität. Reinsortig ist Götterbaumhonig vor allem in den Südalpen anzutreffen. In Städten ist er, meist gemeinsam mit Akazie, Linde und Rosskastanie, Bestandteil vieler Stadthonige. In flüssigem Zustand ist Honig vom Götterbaum bernsteinfarben mit leichtem Grünschimmer. Er kandiert nach einigen Monaten mit feinen Kristallen und zeigt im kristallisierten Zustand einen helleren Grauton. Der Geruch nach Früchten und frischen Pilzen ist von mittlerer Intensität. Der markante Geschmack erinnert an Muskattraube und Holunderblüte.

Die Pflanze

Der Götterbaum, lat. *Ailanthus altissima*, zählt botanisch zur Familie der Bitterholzgewächse, *Simaroubaceae*. Die Gattung *Ailanthus* war vor den Eiszeiten bereits in Europa vertreten und ist mit dem Götterbaum – auf abenteuerliche Weise – zurückgekehrt. Der französische Jesuitenpater Pierre Nicolas d'Incarville, der zwischen 1740 und 1756 in Peking lebte, ließ die Samen des exotischen Baumes auf der Karawanenroute über St. Petersburg nach Europa schmuggeln. In London glaubte man, sich den Lackbaum, lat. *Rhus verniciflua*, verschafft zu haben, aber der Götterbaum taugte nicht zur Gewinnung des begehrten Lacks, mit dem die Chinesen ihre Möbel zum Glänzen brachten. Später entdeckte man, dass *Ailant-*

hus als Futter für Seidenraupen verwendet werden kann. Im Jahr 1856 importierten Wiener Textilunternehmer zur Produktion der begehrten Seide den Seidenspinner aus Asien und legten zur Futterversorgung der Raupen zwischen Kärntnertor und Wienbrücke Götterbaumplantagen an. Der Götterbaum verbreitete sich daraufhin im gesamten Stadtbereich. Da die erzeugte Seide minderwertig und grob war, wurde die Produktion bald darauf eingestellt. Nach dem Zweiten Weltkrieg begann sich der Götterbaum als invasiver Neophyt auf den Trümmerhaufen der Städte stark auszubreiten und entwickelte sich zum typischen Stadtbaum. Mittlerweile ist der wärmeliebende Baum, der sich auch entlang von Bahngleisen und Autobahnen stark vermehrt, vielerorts anzutreffen. Der Götterbaum gilt als Pionierbaum, seine Verbreitung erfolgt durch Samen und Wurzelausläufer. Die Wurzeln scheiden Pflanzengifte aus, die die Keimung anderer Pflanzensamen hemmen. Die Pollen des Götterbaumes stehen im Verdacht, Allergien auszulösen. Er wird gelegentlich als Forstbaum und häufig auch in Windschutzstreifen gepflanzt. Zurzeit laufen weitere Versuche zur forstwirtschaftlichen Nutzung des Holzes des Götterbaums, da er aufgrund seines geringen Wasserbedarfes und seiner hohen Anpassungsfähigkeit für trockene Waldstandorte sehr gut geeignet ist.

HEIDEKRAUTHONIG

Vorkommen des Honigs

gesamter Balkanraum, auf nährstoffarmen Böden, selten

Der Honig

Eine besondere Auffälligkeit des rotbraunen Heidekrauthonigs ist die gelatineartige Konsistenz, die auf einen besonders hohen Gehalt an Eiweißstoffen zurückzuführen ist. Auch finden sich stets große, runde Kristalle im Honig. Im Geruch finden sich komplexe Aromen von Leder, Balsam und Terpentin. Am Gaumen sind Honige von Heidekraut sehr süß, leicht bitter und haben einen langen Abgang. Die Geschmacksaromen erinnern an frisches Leder und Terpentin. Durch den späten Blühzeitpunkt der Pflanze kann der Honig häufig reinsortig gewonnen werden. Allerdings benötigt Heidekrauthonig aufgrund seiner gelatineartigen Konsistenz eine spezielle Erntetechnik. Gewöhnliche Honigschleudern sind meist nicht ausreichend. Eine analytische Auffälligkeit ist der hohe Wassergehalt dieses Honigs mit der daraus folgenden Gefahr von Gärung. Heidekrauthonig sollte daher immer kühl gelagert werden.

Die Pflanze

Heidekraut, auch Besenheide genannt, lat. *Calluna vulgaris*, zählt zur Familie der Heidekrautgewächse, *Ericaceae*. Der Zwergstrauch, der eine Höhe von 20 bis 100 Zentimeter erreichen kann, ist der Grauheide ziemlich ähnlich, allerdings ist die Blüte heller und der Blühzeitraum später. *Calluna vulgaris* ist in Europa weit verbreitet und eine wichtige Nahrungsquelle für die Bienen. In trockenen Zonen mit undurchlässigen Lehmböden, die Ackerbau nicht ermöglichen, konnte sich das Heidekraut stark ausbreiten. Die Besenheide ist in Moor- und Torfgebieten heimisch, aber ebenso auf Trockenböden in den Bergen und auf Sanddünen, da sie sich auf nährstoffarmen Böden mit geringem Kalkgehalt auch ausbreiten kann. In atlantischen Gebieten mit ozeanischem Klima kann sie große Flächen bedecken. Die Pflanze ist unempfindlich gegenüber extremen Temperaturen und Nässe, und durch ihren dicht zusammenschließenden Wuchs kann sie andere Pflanzen zurückdrängen. Auch eine reichliche Samenerzeugung fördert ihre rasche Ausbreitung. In Gebirgslagen kann Heidekraut ein Alter von bis zu 40 Jahren erreichen.

HIMBEERHONIG

Vorkommen des Honigs

aus Bergregionen mit kontinentalem Klima, selten

Der Honig

Himbeerblütenhonig ist meist Teil von Waldhonigen, reinsortig ist er nur selten zu finden. Bei ausbleibender Fichtentracht kann der Anteil von Himbeere durchaus bedeutend sein. Himbeerblütenhonig ist in flüssigem Zustand hellgelb, sobald er kristallisiert fast weiß. Er ist mild im Geruch mit Aromen von reifen Früchten. Am Gaumen zeigt Himbeerhonig mittlere Säure sowie einen kurzen Abgang.

Die Pflanze

Die Himbeere, lat. *Rubus idaeus*, zählt zur Familie der Rosengewächse, *Rosaceae*. Himbeeren sind Halbsträucher, d. h. die Schößlinge tragen im zweiten Jahr Blüten und Früchte und sterben dann ab. Der Wuchs ist aufrecht und an den Triebspitzen überhängend. Die Vermehrung erfolgt durch Wurzelausläufer. Die Blüten werden bereits im Frühsommer und Herbst des Vorjahres gebildet und benötigen eine Kältephase für ihre endgültige Entwicklung. Die Himbeere bildet rote Sammelfrüchte, die sich leicht vom Blütenboden lösen. Der Blühzeitraum umfasst die Monate Mai bis Juni.

Von den insgesamt 159 Himbeerarten, die in Südasien bekannt sind, sind nur einige in Europa heimisch. Vor etwa 400 Jahren begann die Züchtung von Kultursorten der Himbeere, vor allem durch Kreuzung von einheimischen mit importierten Arten. *Rubus*-Arten wie Brombeere, lat. *Rubus fruticosus,* und insbesondere auch die Himbeeren sind ergiebige Spender von Blütennektar und Pollen und bei Honigbienen sehr beliebt. Zwischen den Kultursorten bestehen allerdings erhebliche Unterschiede in der Nektarproduktion. Pollen wird in der Himbeerblüte ganztägig produziert und von den Bienen in grauen Höschen in das Bienenvolk eingetragen. *Rubus*-Pollen zählt mit 4,6 Prozent Stickstoff zu den stickstoffreichsten Pollenarten. Größere Wildhimbeerbestände entstehen meist an Waldrändern sowie nach Kahlschlägen in Fichtenwäldern. Die Pflanze ist im gesamten Balkanraum verbreitet. In der Naturheilkunde finden sowohl die Früchte als auch die Blätter und Wurzeln der Himbeere Verwendung.

KIRSCHHONIG

Vorkommen des Honigs

aus Hügelzonen mit kontinentalem Klima, selten

Der Honig

Kirschblütenhonige in reiner Form sind rar, und dies hat mehrere Gründe. Einerseits sind sie häufig Teil von Frühlingsblütenhonigen, d. h. der Nektar wird von den Bienen gemeinsam mit Steinobst- oder Löwenzahnblüten in den Waben eingelagert. Bienen sind zwar »blütenstet«, d. h., eine einzelne Biene fliegt so lange auf eine Blütenart, bis die Nektarabsonderung versiegt. Allerdings befliegen verschiedene Bienen bei gleichzeitiger Blüte auch verschiedene Pflanzen. Außerdem ist, bedingt durch die frühe Blüte der Vogelkirsche, bei kühlen Nachttemperaturen die Nektarproduktion der Blüten gering. Tagsüber ist wegen schlechter Witterung oft kein Bienenflug möglich. Zusätzlich benötigt die Honigbiene in dieser frühen Phase ihrer Jahresentwicklung einen Großteil des Honigs selbst, und eine zu starke Entnahme durch den Imker würde das Volk sehr schwächen.

Kirschblütenhonig ist hellbernsteinfarben mit leichtem Orangestich und meist trüb. Sobald der Honig kristallisiert, wird er heller und erhält einen Graustich. Die natürliche Kristallisation erfolgt rasch und ist sehr feinkörnig. Meist wird Kirschblütenhonig daher cremig gerührt. Der zartmandelige Duft der Kirschblüte findet sich auch im Geruch des Honigs wieder und macht ihn leicht erkennbar. Im Geschmack ist Kirschblütenhonig sehr süß und erinnert an Marzipan und Weichselmarmelade. Er verschwindet jedoch rasch vom Gaumen.

Die Pflanze

Die Vogelkirsche, lat. *Prunus avium*, stammt ursprünglich aus Kleinasien und zählt zur Familie der Rosengewächse, *Rosaceae*. Von dieser Wildform der Kirsche gibt es zahlreiche Zuchtformen von Süßkirschen, die sich durch größere und süßere Früchte auszeichnen und von den Bienen ebenfalls sehr stark besucht werden. Erste Anpflanzungen von Kirschen in Griechenland sind bereits im sechsten Jahrhundert v. Chr. dokumentiert. Die Vogelkirsche ist heute praktisch in ganz Europa verbreitet und kann selbst noch in Westsibirien angetroffen werden. Häufig wächst die Vogelkirsche in Gemeinschaft mit Hainbuchen und Eichen in Wäldern bis in einer Seehöhe von 1 500 Metern. Sie kann sich über von Vögeln vertragene Kerne oder auch vegetativ durch Wurzelsprossen vermehren und dann kleinräumig starke Bestände bilden, die dann für die Imkerei besonders interessant sind. Begehrt ist die Kirsche auch wegen ihres wertvollen Holzes, das zum Bau von Musikinstrumenten verwendet wird.

Auf einzelnen freistehenden Kirschbäumen sind bis zu einer Million Blüten gezählt worden. Diese duften intensiv und sind, insbesondere wenn sie an Waldrändern oder in Hecken stehen, schon von Weitem sichtbar. Der Blütennektar gilt als sehr zuckerreich. Häufig werden Bienen auch zur Bestäubung von Süßkirschen in Plantagen eingesetzt, da von Bienen bestäubte Plantagen größere Früchte mit höheren Erträgen liefern. Die Bienen finden in den Kirschblüten neben reichlich Blütennektar auch viel Pollen. Der Pollen hat eine grünliche Färbung und schmeckt bittermandelig. Da die Vollblüte der Kirsche im gemäßigt-warmen Klima meist bereits im April einsetzt, ist dies das Signal zu einem großen Entwicklungsschub im Bienenvolk. Die Königin legt dann Eier in großer Zahl, und der Wabenbau wird von den Bienen stark erweitert.

KLEEHONIG

Vorkommen des Honigs

aus Grünlandflächen und Feldkulturen mit kontinentalem Klima, selten

Der Honig

Kleehonig ist sehr hell, solange er flüssig ist, und milch- bis hellbernsteinfarben, sobald er kristallisiert. Er bildet sehr feincremige, weiche Naturkristalle. In der Nase dominieren Zimtnoten und feine Blumenaromen von mittlerer Intensität. Am Gaumen ist Kleehonig sehr süß mit wenig Frische und zeigt Noten von reifen Bananen und Milchkaramell. Sein Geschmack ist anhaltend und lang im Abgang. Die natürlichen Kristalle sind nicht immer regelmäßig, daher wird Kleehonig fast immer cremig gerührt.

Dem Kleehonig ähnlich sind Honige, die von Pflanzen wie Esparsette, Steinklee, Luzerne etc. stammen, die allesamt zur Pflanzenfamilie der Hülsenfrüchtler gehören. Sie werden in Mitteleuropa meist nur noch als Gründüngungspflanzen angebaut, als Futterpflanzen sind sie verschwunden.

Die Pflanze

Der Klee, lat. *Trifolium spp.*, zählt zur Familie der Hülsenfrüchtler, *Fabaceae*. Diese stellen mit insgesamt etwa 12000 Arten die zweitgrößte Familie des Pflanzensystems. Leguminosen sind wichtige Futterpflanzen auf Viehweiden und dank ihrer weltweiten Verbreitung und der hohen Nektarproduktion äußerst wichtig für die Imkerei. Besondere Bedeutung für die Landwirtschaft haben die Schmetterlingsblütler, lat. *Papilionaceae*, eine Unterfamilie der Leguminosen. Sie sind imstande, mithilfe von Knöllchenbakterien Stickstoff aus der Luft zu binden. Dazu bilden sie kleine Knöllchen an den Faserwurzeln. Jede Hülsenfrucht hat dabei eine ihr eigene Bakterienart im Boden. Die natürliche Stickstoffproduktion kann auf diese Weise 100 bis 200 Kilogramm pro Hektar betragen und macht zusätzliches Ausbringen von Handelsdüngern unnötig. Zusätzlich wird durch Ernterückstände auch der Humusgehalt im Boden angereichert.

Klee wächst sehr rasch und vermehrt sich durch Kriechtriebe, die sich bald bewurzeln. Er spielt eine bedeutende Rolle in der Befestigung von Böschungen und Uferverbauungen, da er sich gut im Boden verwurzelt. Weißklee, lat. *Trifolium repens*, benötigt mittelschwere Böden und ausreichend Niederschlag oder einen hohen Grundwasserspiegel. Rotklee, lat. *Trifolium pratense*, produziert mehr Nektar als Weißklee, hat allerdings im Vergleich zu diesem eine längere Kronröhre und ist für kurzrüsselige Insekten wie Honig- oder Wildbienen schwer erreichbar.

Auf den Bergwiesen kann sich nach dem ersten Grasschnitt, also etwa Mitte Juni, der Weißklee sehr rasch entwickeln und zur Blüte gelangen. Zeitlich ist dies nach der Blüte des Löwenzahns und zeitgleich mit der Tracht von Bergahorn und Fichte.

Leguminosen im Allgemeinen und insbesondere Kleearten sind auch bedeutende Pollenlieferanten für die Brut im Bienenvolk. Der Pollen von Weißklee ist gelb-braun. Die Blühdauer von Weißklee kann von Anfang Juni bis Mitte Oktober andauern. Weißklee bietet als Honigtrachtpflanze noch andere Vorteile: Die Nektarproduktion erfolgt auch bei Trockenheit, und die Pflanze ist nicht kälteempfindlich und gedeiht daher auch in höheren Regionen.

KORIANDERHONIG

Vorkommen des Honigs

aus Feldkultur, selten

Der Honig

Korianderhonig ist in flüssigem Zustand hellgelb und kristallisiert innerhalb von wenigen Wochen zu sehr feinen Kristallen. In kristallisiertem Zustand ist er hellbernsteinfarben. Floraler Geruch mit exotischen Noten. Am Gaumen feine Gewürznote mit kurzem Abgang.

Die Pflanze

Koriander, lat. *Coriandrum sativum,* zählt zur Familie der Doldenblütler, lat. *Apiaceae.* Die Pflanze stammt aus Vorderasien und gedeiht am besten auf warmen, feuchten Standorten auf Lehm- oder Lössböden. Die Pflanze ist einjährig und wird bis zu 60 Zentimeter hoch. Der Blühzeitraum erstreckt sich über die Monate Juni und Juli. Die weißen Blüten werden sehr stark von Bienen beflogen. Sowohl das Kraut als auch die Samen werden als Küchengewürz verwendet.

LAVENDELHONIG

Vorkommen des Honigs

aus Feldkultur, selten

Der Honig

Die Farbe des Lavendelhonigs ist in flüssigem Zustand strohgelb, sobald er kristallisiert, elfenbeinfarben. Lavendelhonig kristallisiert grob und unregelmäßig und wird daher häufig cremig gerührt. Der Geruch ist intensiv nach getrockneten Lavendel- und Kamillenblüten. Am Gaumen überwiegen fruchtige Aromen wie Passionsfrucht. Der Honig ist leicht säuerlich und sein Zucker-Säure-Verhältnis ist sehr ausgewogen.

Honige, die aus kultivierten Hybriden (auch Lavandin genannt) gewonnen werden, unterscheiden sich sensorisch leicht von den übrigen Lavendelhonigen. Lavandinhonige sind hellgelb und kristallisieren zu einer feinen und dichten Masse. Im Geruch und Geschmack sind sie intensiver, außerdem sehr süß und länger im Abgang.

Die Pflanze

Der Lavendel, lat. *Lavandula spp.*, zählt zur Familie der Lippenblütler, *Labiatae*. Die Gattung Lavendel umfasst etwa 20 Arten und wird als Zier- und Heilpflanze sowie zur Parfumgewinnung genutzt. Reinsortige Lavendelhonige stammen großteils von Kulturen, die mit der Hybridzüchtung *Lavandula latifolia* × *Lavandula angustifolia* bepflanzt sind, die auch als Lavandin bezeichnet wird. Diese Züchtung kann einfacher maschinell beerntet werden und weist einen höheren Gehalt an ätherischen Ölen auf. Lavendel ist ein graufilzig behaarter Strauch, der Wuchshöhen bis zu 100 Zentimeter erreichen kann. Die gegenständig angeordneten Laubblätter sind etwa 40 Millimeter lang, anfangs grau und verfärben sich später grünlich. Die violetten Blüten vereinigen sich zu einer bis zu acht Zentimeter langen Ähre. Der Blütezeitraum reicht von Juni bis August.

Die Heimat von *Lavandula officinalis* sind die Küstenregionen des Mittelmeerraumes. Der Strauch wächst dort an trockenen, felsigen Kalkzonen über 700 Metern Seehöhe und erreicht vereinzelt die Waldgrenze. Einige Arten gelten als winterhart. Lavendel hat große bienenwirtschaftliche Bedeutung, da die Nektarabsonderung reichlich und der Blütennektar sehr zuckerreich ist. Die Lavendelfelder sind beliebte Ziele von Wanderimkern.

LINDENHONIG

Vorkommen des Honigs

gesamter Balkanraum, aus Hügelzonen, häufig

Der Honig

Anteile an Linde sind in fast allen Sommerhonigen zu finden. Aber auch reinsortige Honige sind häufig. Der Rohstoff des Lindenhonigs kann sowohl Blütennektar als auch Honigtau von pflanzensaugenden Insekten sein. Lindenhonig ist in flüssigem Zustand hellgelb und klar. Er zeigt sich nach erfolgter Kristallisation beige-bernsteinfarben mit goldgelbem Schimmer. Ist Honigtau beteiligt, so ist der Farbton dunkler. Die Naturkristalle sind groß, hart und scharfkantig. Am einfachsten erkennbar ist Lindenhonig am einzigartigen Geruch: angenehm und intensiv nach Pfefferminze, Menthol, Salbei und Holunderblüte. Von mittlerer Süße und langanhaltend ist auch der Geschmack am Gaumen mit Noten von Menthol und Lindenblütentee. Im langen Abgang wirkt der Honig zartbitter.

Die Pflanze

Die Linde, lat. *Tilia spp.*, zählt zur Familie der Lindengewächse, *Tiliaceae*. Linden haben herzförmige Blätter und tiefe Pfahl- und Seitenwurzeln. Die Blüten bilden hängende Dolden, an denen ein längliches Flügelblatt angewachsen ist, das dem reifen Fruchtstand als Flugorgan zur weiteren Verbreitung dient. Blühende Linden ziehen aufgrund ihres intensiven Duftes und der ergiebigen Nektarmenge Bienen in großer Zahl an.

Die Nektarabsonderung der Blüten erfolgt hauptsächlich morgens und in den Abendstunden. Die gesamte Zuckerproduktion einer einzigen ausgewachsenen Linde kann beträchtlich sein. Die Nektarsekretion steht in Zusammenhang mit der Umgebungstemperatur. Sinkt diese ab, so verringert sich auch der Zuckergehalt des Nektars. Starke Honigtauausscheidung von Lindenalleen in Stadtlage kann man an der Ablagerung einer farblosen, klebrigen Substanz auf darunter parkenden Autos bemerken. Bienen sammeln an der Linde auch hellgelbe Blütenpollen.

Getrocknete Lindenblüten werden in der Volksmedizin als Heiltee verwendet. Er wirkt beruhigend. Das helle und leicht bearbeitbare Lindenholz findet vielseitige Verwendung in der Holzindustrie und ist bei Bildhauern besonders begehrt.

Die Linde galt bei den Slawen und Germanen als heiliger Baum, der besonders verehrt wurde. Linden werden auch häufig als »Dorfbäume« im Zentrum von Dörfern sowie neben Kreuzen und Bildstöcken gepflanzt.

LÖWENZAHNHONIG

Vorkommen des Honigs

von nährstoffreichen Grünlandflächen, selten

Der Honig

Reinsortiger Löwenzahnhonig zeigt sich in kristallisiertem Zustand in kräftigem Dottergelb, meist ist der Farbton durch Anteile von anderen Honigsorten wie Weißklee etwas heller oder durch Waldhonig dunkler.

Bedingt durch den hohen Glucosegehalt erfolgt die Kristallisation des Honigs rasch. Die Kristalle sind fein und nur bei erhöhtem Wassergehalt grobkörnig. Der Geruch ist sehr intensiv und entspricht dem einer zerriebenen Löwenzahnblüte. Am Gaumen ist Löwenzahnhonig angenehm frisch und mittelsüß. Der lange Abgang mit Noten von grünen Blättern, Kamillenblüten, Kren und weißem Pfeffer ist für den Honig charakteristisch und macht ihn leicht erkennbar.

Die Pflanze

Der Löwenzahn, lat. *Taraxacum officinale*, gehört zur Familie der Korbblütler, *Asteraceae*. Die Korbblütler sind mit 920 Gattungen und 20 000 Arten eine der größten Pflanzenfamilien weltweit. Charakteristisch für die Korbblütler ist, dass die Einzelblüten zu körbchenartigen Blütenständen vereinigt sind, die wie eine einzige Blüte erscheinen. Der Pollen ist für Insekten leicht verfügbar. Der Nektar muss mit dem Insektenrüssel aus der Tiefe der Blütenröhre, die bei Löwenzahn allerdings nur vier Millimeter lang ist, gesaugt werden. Löwenzahnblüten reflektieren ultraviolettes Licht und erscheinen nur für das menschliche Auge gelb, für Bienen jedoch violett. Die Blütenköpfe sind nur wenige Stunden zu Tagesbeginn geöffnet. Sie schließen sich um die Mittagszeit und auch bei Regen und können bei anhaltendem Schlechtwetter tagelang in dieser Position ausharren.

Löwenzahn ist eine der bekanntesten Pflanzen der nördlichen Halbkugel, wie eine schier unüberschaubare Zahl an regionalen Bezeichnungen für diese auffällige Blüte beweist. Die Pflanze war bereits im Altertum bekannt, jedoch nicht sehr stark verbreitet. Löwenzahn gedeiht besonders gut auf nährstoffreichen Wiesen, die stark mit Gülle gedüngt und häufig gemäht werden, und er verwandelt ganze Landstriche für kurze Zeit in ein gelbes Blütenmeer. Die Vermehrung der Pflanze erfolgt durch Samen, die mit einem Fallschirm vom Wind verfrachtet werden. Diese keimen innerhalb von wenigen Tagen und schließen sofort Lücken in Wiesen. Löwenzahn hat eine Pfahlwurzel, die sehr tief in die Erde reicht. Die rasch wachsenden Pflanzen bilden bereits zeitig im Frühjahr Blattrosetten, und fast zugleich erscheinen schon die ersten Blüten. Als ergiebige Nektar- und Pollenpflanze ist Löwenzahn für die Frühjahrsentwicklung der Bienen von immenser Bedeutung. Die Blütenpollenreife erfolgt in den Nachtstunden. Der gesamte Tagesvorrat ist mit Öffnung der Blüte verfügbar und wird von den Bienen innerhalb von zehn bis 15 Minuten abgeerntet. Der gelborange Pollen an den Hinterbeinen der heimkehrenden Bienen ist gut erkennbar.

Die Löwenzahnblüte ist für Bienen äußerst attraktiv und führt zu einer starken Entwicklung eines Volkes. Schlechtwetterperioden während der Löwenzahnblüte können allerdings eine starke Schwarmneigung verursachen.

Löwenzahn gilt als Heilpflanze bei Leber-, Gallen- und Nierenbeschwerden. Geröstete Wurzeln der Pflanze wurden früher vermahlen und als Kaffeeersatz verkauft. Die Blätter des Löwenzahns werden im zeitigen Frühjahr als erster Wildsalat geschätzt.

LUZERNENHONIG

Vorkommen des Honigs

aus Feldkultur, selten

Der Honig

Wie Honige von anderen Leguminosenarten ist auch Luzernenhonig hellgelb, mit zartem Geruch nach Wachs und feuchtem Heu. Am Gaumen mittlere Süße, frisch, mit leichter Säure und Aromen von gekochter Milch, die rasch verschwinden. Die Kristallisation erfolgt rasch und feinkörnig. Kristallisierter Luzernenhonig ist fast weiß.

Die Pflanze

Die Luzerne, lat. *Medicago sativa*, zählt zur Familie der Hülsenfrüchtler, *Fabaceae*. Sie stammt aus Vorderasien und ist eine der ältesten Kulturpflanzen. Die Verbreitung erfolgte durch die Araber über Spanien nach Mitteleuropa. Die Luzerne hat eine Pfahlwurzel, die bis zu fünf Meter in die Tiefe reichen kann, und benötigt warme, kalkreiche, tiefgründige Böden. Sie ist eine wichtige Futterpflanze, da sie sowohl einen hohen Gehalt an Eiweiß als auch an Mineralstoffen aufweist. Die stickstoffsammelnde Pflanze liefert viel organische Masse für den Boden und eignet sich sehr gut als Zwischenfrucht. Trotz des großflächigen Anbaus von Luzerne sind reinsortige Honige aus mehreren Gründen selten: Zum einen benötigt die Luzerne für gute Honignektarabsonderung sehr günstige Klimabedingungen, und zum anderen werden die Felder häufig bereits gemäht, bevor die violett oder gelb blühende Pflanze zur Vollblüte gelangt. Außerdem geben Honigbienen trotz reichlicher Nektarabsonderung der Luzerne anderen Trachtpflanzen den Vorzug. Dies liegt möglicherweise am Mechanismus des Blütenbaus, bei dem die anfliegenden Insekten bei der Landung auf einer Luzernenblüte einen »Schlag« von den Staubblättern erhalten.

METCALFAHONIG

Vorkommen des Honigs

aus Hügelzonen, mittlerweile selten

Der Honig

Metcalfahonige fallen durch hohe Enzymwerte auf, so wie alle Honige auf Basis von Honigtau generell. Enzyme sind Katalysatoren von chemischen Prozessen, ohne direkt an diesen beteiligt zu sein. Sie beschleunigen chemische Prozesse oder ermöglichen sie überhaupt erst. Die hohen Enzymwerte entstehen durch die doppelte Verarbeitung des Rohstoffs Siebröhrensaft, erst durch Honigtauerzeuger, dann durch die Biene.

Der Wassergehalt von Metcalfahonigen ist, wie bei allen Honigtauhonigen, niedrig. Die Honige haben eine hohe Viskosität. Eine Kristallisation erfolgt nur sehr langsam. Die Farbe von Metcalfahonigen ist sehr dunkel, fast schwarz. Der Geruch ist von mittlerer Intensität mit pflanzlichen Aromen. Im Geschmack sind sie sehr süß mit Noten von Malz, Karamell und Feigenmarmelade. Metcalfahonige sind von Nektarhonigen sehr einfach, von anderen Honigtauhonigen, insbesondere von Fichtenhonigen, nicht immer so leicht zu unterscheiden.

Das Insekt

Metcalfa pruinosa, die Bläulingszikade, ist eine Zikadenart innerhalb der Familie der Schmetterlingszikaden, *Flatidae*. Das aus Nordamerika stammende Insekt wurde wahrscheinlich mit Holzimporten eingeschleppt und tritt als Neozoon auf. Im Jahr 1979 wurde das Insekt in der Region von Treviso erstmals in Italien dokumentiert. Die explosionsartige Ausbreitung erfolgte aufgrund des Fehlens von natürlichen Feinden und der hohen Anpassungsfähigkeit an Kultur- und Spontanvegetation. Die ersten Honige hatten Absatzprobleme, da Konsumenten, die helle Nektarhonige wie Akazie oder Klee schätzten, mit diesem neuen Honigtyp wenig anzufangen wussten. Zudem hatten die Imker das Problem, dass die Quelle dieses neuen Honigs keiner Pflanze zugeordnet werden konnte. Im Gegensatz zu allen Sortenhonigen, die den Namen der Pflanze tragen, an der die Bienen Nektar oder Honigtau sammeln, trägt dieser Honig den Namen des Insekts, das den Honigtau produziert. Dieser Unterschied erklärt sich durch die Gefräßigkeit des Insekts bzw. die Fähigkeit, an zahlreichen Kultur- und Wildpflanzen zu parasitieren. Der Produktionszeitraum umfasst die warmen Monate Juli und August und setzt ein Fehlen von ergiebigen Trachtpflanzen wie Sonnenblume, Klee, Goldrute und Luzerne voraus. Seit in den letzten Jahren biologische Bekämpfungsmaßnahmen durch den Einsatz von Fraßfeinden durchgeführt wurden, scheint das Neozoon *Metcalfa pruinosa* weitgehend verschwunden zu sein und spielt bienenwirtschaftlich keine große Rolle mehr.

MINZEHONIG

Vorkommen des Honigs

aus Feldkultur und aus dem Donaudelta, sehr selten

Der Honig

Flüssiger Minzehonig ist rotbraun mit grünen Farbreflexen. Der Honig kristallisiert nur sehr langsam und wird meistens im flüssigen Zustand verkauft. Im Duft ist die botanische Herkunft deutlich erkennbar: intensive Pfefferminzaromen. Am Gaumen Mentholaroma, durch erfrischende Säure verdeckte Süße, leicht bitter. Im Abgang Aromen von Dörrzwetschken.

Die Pflanze

Die Minze, lat. *Mentha spp.*, zählt zur Familie der Lippenblütler, *Labiatae*. Die meisten der weltweit etwa 30 Minzarten kommen auf der Nordhalbkugel vor und lieben feuchte Standorte. Die Pflanze wird aufgrund ihres hohen Gehaltes an ätherischen Ölen häufig zur Teebereitung verwendet. Die bekannteste Art ist die Pfefferminze, lat. *Mentha × piperita.* Sie hat den höchsten Gehalt an Menthol. Die Vermehrung erfolgt durch Stecklinge oder Ausläufer, da die Pflanze steril ist. Die Pfefferminze ist ausdauernd und liebt humusreiche, feuchte Böden in warmer, windgeschützter und sonniger Lage. Nennenswerte Anbauflächen von Pfefferminze finden sich im Piemont und in den Ländern des Balkans. In Österreich gilt auch die Rossminze, lat. *Mentha longifolia,* als wichtige Bienentrachtpflanze. Daneben ist noch *Mentha aquatica*, die Wasserminze, erwähnenswert, da ihr Blütennektar besonders hohe Werte an Vitamin C aufweist. Sie kommt vor allem im Donaudelta und in anderen Feuchtgebieten vor. Wie andere Lippenblütler sondert auch die Minze nur geringe Mengen an Pollen ab.

PERÜCKENSTRAUCHHONIG

Vorkommen des Honigs

aus Karstgebieten, selten

Der Honig

In den Honigtauhonigen des Karstes finden sich häufig Anteile von Perückenstrauch. Reinsortige Honige sind selten zu finden. Die botanischen Quellen des Perückenstrauchhonigs sind sowohl Blütennektar als auch Honigtau von saugenden Insekten. Die Honige sind pollenreich und haben zugleich einen bedeutenden Anteil an Pilzsporen, wie sie für Honigtauhonige typisch sind. Der Honig ist zähflüssig mit Tendenz zur baldigen Kristallisation. Seine Farbe ist dunkelbernstein bis fast schwarz mit grünlichem Schimmer. In kristallisiertem Zustand ist der Honig dunkelbraun. Der Geruch nach Malz und karamellisiertem Zucker ist von mittlerer Intensität. Am Gaumen ist Perückenstrauchhonig mild mit Aromen von Karamell, Trockenfrüchten und Bierhefe.

Die Pflanze

Der Perückenstrauch, lat. *Cotinus coggygria,* zählt zur Familie der Sumachgewächse, *Anacardiaceae.* Die Pflanze ist im gesamten Mittelmeergebiet, insbesondere im Gebiet des Karstes weit verbreitet und im Spätherbst wegen der auffälligen Gelb- und Rotfärbung seiner Blätter leicht erkennbar. Sie gedeiht auf sonnigen, trockenen und steinigen Böden, wobei kalkhaltige Standorte bevorzugt werden. Der Perückenstrauch kann eine Wuchshöhe von bis zu fünf Meter erreichen. Der Blütezeitraum reicht von Mai bis Juli. Die Bezeichnung Perückenstrauch bezieht sich auf die langen, violetten Haare, die auf den Fruchtstielen wachsen und die Früchte umgeben.

PHACELIAHONIG

Vorkommen des Honigs

aus Feldkultur, selten

Der Honig

Reinsortige Honige von Phacelia sind rar und stammen nur aus großen Feldkulturen. Der Honig ist sehr pollenreich. Eine weitere analytische Auffälligkeit ist der hohe Gehalt an Frucht- und Rohrzucker. Der Honig ist in flüssigem Zustand hellgelb. Er kristallisiert sehr hart und feinkörnig. Die pflanzlichen Geruchsaromen sind schwach ausgeprägt. Am Gaumen ist Phaceliahonig sehr süß mit Aromen von grünem Gemüse und Bienenwachs, die rasch verschwinden.

Die Pflanze

Phacelia, lat. *Phacelia tanacetifolia*, zählt zur Familie der Wasserblattgewächse, *Hydrophyllaceae*. Die in unseren Breiten vor allem als Gründüngungspflanze angebaute Phacelia stammt aus Nordamerika und wurde Mitte des 19. Jahrhunderts eingeführt. Die krautige Pflanze, die eine Höhe von etwa 70 Zentimeter erreichen kann, gedeiht am besten auf sandigen Lehmböden. Die Aussaat erfolgt von März bis Juni. Nach etwa zwei Monaten beginnt die Blüte. Das Nektarium liegt am Blütenboden ringförmig um den Fruchtknoten, und die Staubblätter ragen weit aus der Blüte hervor. Neben Nektar finden die Bienen auch viel Pollen in der Phaceliablüte. Die Pollen sind den ganzen Tag verfügbar und werden von den Bienen in dunkelblauen Höschen gesammelt.

PINIENHONIG

Vorkommen des Honigs

aus Südosteuropas Zonen mit großen Pinienwäldern, häufig

Der Honig

Pinienhonig ist rötlich-braun, der Geruch ist würzig und zeigt Aromen von Jod. Am Gaumen eine milde Süße und Geschmack von Karamell. Aufgrund des niedrigen Anteils an Glucose verbleibt Pinienhonig sehr lange in flüssigem Zustand und kristallisiert erst nach mehreren Jahren.

Die Pflanze

Die Nektarquelle von Pinienhonig ist Honigtau. Die Bienen sammeln an den Zweigen einiger mediterraner Pinienarten wie *Pinus halepensis* oder *Pinus brutia* den Zuckerextrakt von der Schildlausart *Marchalina hellenica*. Das Insekt beginnt im August mit der Honigtauproduktion, und diese Sekretion kann bis zum Frühjahr des Folgejahres anhalten. Die Hauptsaison liegt zwischen August und Oktober. Um die Sammeltätigkeit der Bienen zu ermöglichen, muss die Luftfeuchtigkeit über 65 Prozent und die Temperatur über 20 Grad liegen. Honig von verschiedenen Pinienarten macht fast 65 Prozent der gesamten Honigernte Griechenlands aus. Die Hauptproduktionsgebiete liegen auf Nord-Euböa, Chalkidiki, Thassos, Skopelos, Zakynthos und Rhodos. Auch im Südwesten der Türkei um die Stadt Muğla werden große Mengen an Pinienhonig produziert. Das massenhafte Vorkommen dieses Spätsommerhonigs macht diese Regionen zu beliebten Zielen für Wanderimker.

RAPSHONIG

Vorkommen des Honigs

aus Feldkultur, häufig

Der Honig

Rapshonig wird selten reinsortig als solcher verkauft. Er ist meist Teil von Frühlingsblütenhonigen. In Gegenden mit großen Feldkulturen können die Produktionsmengen beträchtlich sein. Rapshonig kristallisiert aufgrund des hohen Glucoseanteils sehr rasch. Die auffallend helle Färbung des Honigs ist charakteristisch: In flüssigem Zustand hellgelb, in kristallisiertem Zustand weiß mit grauem Stich. An gekochtes Weißkraut erinnernder, leicht derber Geruch mit floralen Aromen; am Gaumen seidig-weich, sehr cremige, schmalzartige Konsistenz, ausgeprägte Süße, kaum Säure, geringe Intensität des Geschmacks. Kaum Nachgeschmack.

Die Pflanze

Raps, lat. *Brassica napus*, zählt zur Familie der Kreuzblütler, *Brassicaceae*. Die Pflanze ist seit Langem in Regionen verbreitet, in denen keine anderen Ölfrüchte wie Oliven oder Mohn bekannt waren. Im Mittelalter diente Raps vorwiegend zur Erzeugung von Lampenöl.

Die Bienen begegnen dem Raps zu zwei Zeitpunkten in ihrem Arbeitsjahr. Zum einen als bereits im August des Vorjahres gesäte Feldkultur. Aus diesem Raps entsteht dann das Speiseöl. Zum anderen dient Raps auch als Gründüngungspflanze nach der Getreideernte. Insbesondere im ersten Fall sind die Felder bei den Wanderimkern sehr begehrt, da der Raps über einen längeren Zeitraum zuverlässig Pollen und Nektar liefert. Aufgrund der frühen Blüte im April führt dies zu einer explosionsartigen Entwicklung des Bienenvolkes mit starker Brut- und Bautätigkeit. Meist können die Honigüberschüsse als ausgiebige Frühjahrstracht geerntet werden. Allerdings werden in den letzten Jahren verstärkt Hybridsorten angebaut. Diese Neuzüchtungen produzieren wenig Nektar und liefern den Bienen kaum Pollen. Dabei hat die Gegenwart von Bienen im Rapsfeld für beide Seiten einen großen Nutzen: Der Landwirt hat durch eine gute Bestäubung einen höheren Ertrag und der Imker stark entwickelte Völker und eine ergiebige Honigernte. Durch intensive Pflanzenschutzmaßnahmen ist die Gefahr der Kontamination des Rapshonigs mit Rückständen von Pestiziden groß.

ROSMARINHONIG

Vorkommen des Honigs

aus Küstennähe, selten

Der Honig

Rosmarinhonig ist als Sorte schwer zu erkennen, da sich im Honig der intensive Duft der Blüte nicht wiederfindet. Flüssiger Rosmarinhonig ist hellgelb und elfenbeinfarben, sobald er kristallisiert. Die Kristallisation erfolgt langsam und sehr feinkörnig. Im Geruch ist der Honig wenig intensiv mit zarten Anklängen von Gewürzkräutern. Am Gaumen ist er elegant, sehr süß und hat wenig Säure. Die Aromen erinnern an Bittermandel und frisch gemahlenes Mehl. Rosmarinhonig verschwindet rasch vom Gaumen. Durch den frühen Erntezeitpunkt dieses Frühlingshonigs ist die Gefahr eines hohen Wassergehaltes und einer beginnenden Gärung im Honig hoch.

Die Pflanze

Der Rosmarin, lat. *Rosmarinus officinalis,* zählt zur Familie der Lippenblütler, *Labiatae.* Die Pflanze ist gemeinsam mit Lavendel typisch für die Spontanflora der Garrique an den Küsten des Mittelmeeres. Rosmarin bevorzugt sonnige, trockene und kalkreiche Standorte. Der immergrüne, stark verzweigte Strauch duftet sehr intensiv und erreicht eine Höhe von bis zu zwei Meter. Die kleinen, hellblauen oder weißen Blüten können das ganze Jahr über entstehen, die Hochsaison der Blüte ist jedoch zu Beginn des Frühlings. Die Frucht ist eine kleine Kapsel mit intensivem Duft nach Weihrauch und Kampfer. Das ätherische Öl, das aus den Blättern gewonnen wird, findet Verwendung in Kosmetikprodukten. Rosmarin war bei mehreren Völkern der Antike das Symbol der Unsterblichkeit.

ROSSKASTANIENHONIG

Vorkommen des Honigs

aus dem Balkangebirge in Bulgarien, selten

Der Honig

Der Honig hat einen hellen, rötlich-braunen Farbton und bleibt sehr lange flüssig. Am Gaumen ist er zartbitter und hat einen raschen Abgang.

Die Pflanze

Die Rosskastanie, lat. *Aesculus hippocastanum*, gehört zur Familie der Rosskastaniengewächse, *Hippocastanaceae.* Die Namensgleichheit mit der Edelkastanie beruht auf einer Ähnlichkeit der Samen der Rosskastanie mit den Früchten der Edelkastanie. Dennoch gehören beide Pflanzen gänzlich verschiedenen Familien an. Der Name »Rosskastanie« ist seit dem 16. Jahrhundert bezeugt und bezieht sich auf die Samen, die vom türkischen Heer als Heilmittel für Pferdekrankheiten verwendet wurden. Das natürliche Verbreitungsgebiet der Rosskastanie erstreckt sich in einem weiten Bogen von Mittelasien bis in den Balkan. Samenfunde in der Braunkohle beweisen, dass die Gattung *Aesculus* schon in einer früheren Erdperiode in Mitteleuropa heimisch war. Die heutigen Bestände der Gewöhnlichen Rosskastanie stammen von Samen, die im Jahre 1576 von Konstantinopel nach Wien gebracht und vom Botaniker Carolus Clusius erstmals ausführlich beschrieben wurden. Die exotische Blüte des Baumes traf den Geschmack der Zeit und fand rasche Verbreitung in fürstlichen Gärten. Seit dem 18. Jahrhundert wird die Rosskastanie schließlich verbreitet als Alleebaum gepflanzt und prägt seither viele Stadtlandschaften, wie etwa den Wiener Prater. Leicht zu unterscheiden von der weiß blühenden Rosskastanie *Aesculus hippocastanum* ist die schwächer wüchsige und rot blühende Art *Aesculus pavia*, die aus Nordamerika stammt. Die Blütezeit des bis zu 30 Meter hohen Baumes, der bis zu 200 Jahre alt werden kann, beginnt Ende April und dauert etwa zwei Wochen. Er blüht erstmals nach etwa zehn Jahren. Die auffälligen Blütenstände (auch Kerzen genannt), in denen männliche, weibliche und zwittrige Blüten gemeinsam vorkommen, sondern große Mengen hochkonzentrierten Nektars ab und werden überwiegend von Bienen und Hummeln besucht. Der Pollen wird von den Bienen in großen violetten Höschen eingetragen und kann ein Gewicht von elf Milligramm erreichen. Die Pollenernte beginnt frühmorgens und endet in den Nachmittagsstunden. Mit einem Stickstoffanteil von 5,75 Prozent zählen die Rosskastanienpollen zu den stickstoffreichsten Pollenarten. Die Ernte von Nektar und Pollen erfolgt getrennt, d. h. die Bienen fliegen entweder auf Nektar oder Pollen. Eine weitere Bedeutung für die Bienen haben die riesigen, mit einer dicken Harzschicht überzogenen Knospen der Rosskastanien. An ihnen sammeln die Bienen die Rohstoffe für Propolis, das als Kittharz und Desinfektionsmittel im Bienenstock Verwendung findet. Der stärkste Eintrag von Propolis erfolgt im Spätsommer und im Herbst von den Winterknospen. In der Humanmedizin finden die Samen der Rosskastanie – dank des Wirkstoffes Aescin – Verwendung als Naturheilmittel bei Venenerkrankungen wie Krampfadern sowie bei Hämorrhoiden und Arteriosklerose.

Viele Rosskastanienbestände sind von der Miniermotte bedroht. Dieser Schädling, der seit 1989 auch in Österreich anzutreffen ist, führt durch

Fraßschäden an den Blättern zu einer Braunfärbung und in der Folge zu einem vorzeitigen Verwelken bereits im Sommer. Dadurch wird die Photosyntheseleistung der Blätter geschwächt, und die Früchte von stark befallenen Bäumen bleiben deutlich kleiner. Allerdings konnte noch kein völliges Absterben der Bäume beobachtet werden. Teilweise treiben befallene Bäume im Spätsommer nochmals aus und bilden auch vereinzelt Blüten.

SALBEIHONIG

Vorkommen des Honigs

entlang der gesamten Adriaküste, häufig

Der Honig

Salbeihonig ist rotbraun und kristallisiert rasch. Die großen und spitzen Zuckerkristalle sind jedoch nicht sehr kompakt. Salbeihonig duftet unverkennbar nach Gewürzpflanzen. Im Geschmack des Honigs dominiert der Eindruck von Frische sowie ein intensiver Mentholton. Der Abgang vom Gaumen ist lang.

Die Pflanze

Der Salbei, lat. *Salvia officinalis,* zählt zur Familie der Lippenblütler, lat. *Lamiaceae.* Ähnlich wie der Pontische Rhododendron und die Rosskastanie ist diese wichtige autochthone Bienentrachtpflanze bereits seit dem Tertiär (etwa 66 bis 2,5 Millionen Jahre vor unserer Zeitrechnung) auf dem Balkan heimisch. Der Salbei ist ein Halbstrauch und erreicht eine Wuchshöhe von bis zu 80 Zentimeter. Alle Pflanzenteile besitzen einen starken aromatischen Geruch. Die Blütezeit reicht von Mai bis Juli.

Die Blüten stehen an kurzen Stielen am oberen Stängelteil. Die violetten, selten auch rosafarbenen oder weißen Blütenkronen haben die typische Form der Lippenblütengewächse und sind zwei bis drei Zentimeter lang. Die Pflanze liebt kalkreiche, steinige und trockene Böden. Große Salbeibestände gibt es auf den dalmatinischen Inseln Cres, Krk und Lošinj, in Albanien um die Küstenstadt Lezha sowie in Griechenland.

SEIDENPFLANZENHONIG

Vorkommen des Honigs

entlang der Flüsse Donau und Save, selten

Der Honig

Seidenpflanzenhonig ist außerhalb von Serbien wenig bekannt. Der Farbton ist rotbraun. Die Kristallisation erfolgt erst nach mehreren Monaten. Der Honig zeigt zarte florale Aromen im Geruch und am Gaumen. Die Nachfrage nach dieser Honigrarität ist groß, so groß, dass dieser Honig meist sehr schnell ausverkauft ist.

Die Pflanze

Die Gewöhnliche Seidenpflanze, lat. *Asclepias syriaca,* zählt zur Familie der Hundsgiftgewächse, lat. *Apocynaceae.* Der Tiefwurzler, der im Serbischen auch *Divlji duhan* genannt wird, stammt aus Nordamerika und wurde im 17. Jahrhundert als Futterquelle für Bienen und zur Uferbefestigung entlang von Flüssen gepflanzt. Die Seidenpflanze erreicht eine Wuchshöhe von bis zu 150 Zentimeter und vermehrt sich stark durch Rhizome und weitfliegende Samen und bildet im Grenzgebiet zwischen Ungarn und Serbien große Bestände. In den Monaten Juli und August verwandelt die attraktive Pflanze ganze Flusslandschaften in ein rosafarbenes Blütenmeer. Die Seidenpflanze produziert große Mengen an Blütennektar. Allerdings bietet sie Insekten keinen Pollen, was bei diesen zu Ernährungsproblemen führen kann. Honigbienen stillen ihren Pollenbedarf dann häufig an der Königskerze, lat. *Verbascum spp.*, die in dieser Region ebenfalls häufig vorkommt. Und noch einen Nachteil bietet diese reichlich Nektar spendende Pflanze für Bestäubungsinsekten: In trockenen Jahren sondert die Blüte eine ölartige Substanz ab. Die Bienen bleiben daran kleben und können die Blüten nicht mehr verlassen. Viele Imker meiden aus diesem Grund die Seidenpflanze.

SONNENBLUMENHONIG

Vorkommen des Honigs

aus Feldkultur, häufig

Der Honig

Sonnenblumenhonig ist einer der häufigsten Honige aus Feldkulturen. Er kristallisiert aufgrund des hohen Glucosegehaltes sehr rasch und entwickelt eine harte, feinkörnige Konsistenz. Er wird daher meist cremig gerührt. Charakteristisch ist seine auffällig dottergelbe Farbe. Anregender Geruch nach würzigen Sommerkräutern, Heu und Blütenpollen prägen das Aroma. Am Gaumen zeigt sich erst ein Eindruck von Frische – dieser ist den hohen Säurewerten zu verdanken –, um dann in eine verhaltene Süße überzugehen. Im Abgang Noten von Salbei und kandierten Südfrüchten, wobei dieser von mittlerer Länge ist. An einem Charakteristikum sind Sonnenblumenhonige leicht zu erkennen: Nach dem Schlucken erzeugt die Säure des Honigs durch Reizung der Schleimhäute einen leichten Hustenreiz. Eine weitere Besonderheit von Sonnenblumenhonig (und einiger anderer Cremehonige mit guter Ausreifung und geringem Wassergehalt) ist die Bildung von weißen Flecken auf dem Glas. Diese erfolgt meist bei Lagerung unter tiefen Temperaturen. Dabei zieht sich der Honig zusammen, verringert sein Volumen und löst sich vom Glas. Diese Stellen treten als weiße Flecken in Erscheinung, die jedoch die Qualität des Honigs nicht beeinträchtigen.

Die Pflanze

Die Sonnenblume, lat. *Helianthus annuus,* ist eine einjährige Pflanze und zählt zur Familie der Korbblütler, *Asteraceae.* Die Heimat der Sonnenblume ist Nordamerika. Seit dem 17. Jahrhundert wird sie auch in Europa gepflanzt. Von den insgesamt über 50 *Helianthus*-Arten hat neben der Sonnenblume noch eine zweite Spezies Bedeutung erlangt: Topinambur, lat. *Helianthus tuberosus.* Die Sonnenblume dient als Grünfutterpflanze und ist Öl- sowie Samenlieferant. Die jungen Pflanzen wachsen sehr schnell und brauchen kräftige, stickstoffreiche Düngung, viel Sonne und ausreichend Wasser. Der auffällige Blütenkorb der Sonnenblume kann einen Durchmesser von bis zu 40 Zentimeter erreichen. Er besteht aus Tausenden kleinen Röhrenblüten. Die Sonnenblume hat einen bemerkenswerten Mechanismus zur Verhinderung der Selbstbestäubung entwickelt, die sogenannte Protandrie: Bei Öffnung der Blüten tritt zuerst der Pollen hervor, der vom Griffel durch die Blütenröhre nach außen geschoben wird. Erst nach Abernten des Pollens durch die Bestäubungsinsekten spreizen sich die beiden Narbenäste auseinander, und die Bestäubung mit blütenfremdem Pollen kann erfolgen. Die Quelle des Nektars, das Nektarium, liegt auf dem Blütengrund. Aufgrund von Unterschieden bei der Länge der Röhrenblüte ist der Nektar nicht bei allen Sonnenblumensorten für Honigbienen zugänglich. Das Abblühen der Scheibe beginnt von außen nach innen. Der Blühbeginn für Sonnenblumen ist Anfang Juli, die Blühdauer beträgt etwa zwei Wochen. Später gepflanzte Felder können die Trachtdauer stark verlängern. Für Imker sind die Sonnenblumenkulturen von großer wirtschaftlicher Bedeutung, da sie einerseits die Honigsaison verlängern und andererseits eine bedeutende Ernte ermöglichen. Zusätzlich können sich die Bienen durch die Sonnenblume einen Vorrat an gut verdaulichem Winterfutter verschaffen. Von der Bestäubung der Felder mit Bienen profitieren auch die Landwirte. Das Abreifen der Felder erfolgt gleichmäßiger und die Hektarerträge sind höher. Bemerkenswert ist die Fähigkeit der jungen Sonnenblumenpflanze, ihre Blüten in Richtung Sonne zu drehen. Der Mechanismus wird von Phytohormonen gesteuert, die durch eine Änderung des Wassergehaltes in den Zellen ein Drehen des Blütenkorbes ermöglichen.

STEINWEICHSELHONIG

Vorkommen des Honigs

aus karstigen Hügelzonen, selten

Der Honig

Reine Steinweichselhonige sind sehr rar und werden nur in der Karstregion Sloweniens und jenseits der Grenze im italienischen Karst erzeugt. Die Farbe des Honigs ist hellbraun mit rötlichem Einschlag. Steinweichselhonig wird meist in flüssiger Form verkauft, neigt jedoch nach einiger Zeit zur feinkörnigen Kristallisation. Der Geruch nach Kirschblüten und gerösteten Mandelkernen ist intensiver als der von Vogelkirschhonig. Am Gaumen ist Steinweichselhonig sehr süß, mit kaum wahrnehmbarer Säure und Noten von Bittermandeln.

Die Pflanze

Die Steinweichsel, lat. *Prunus mahaleb,* zählt wie die Vogelkirsche zur Familie der Rosengewächse, *Rosaceae*. Der Name »mahaleb« stammt aus dem Vorderen Orient und ist die Bezeichnung für ein altes, regional weit verbreitetes Gewürz auf Basis der geschälten und vermahlenen Samenkerne der Steinweichsel. Geschmacksbestimmend für das vanilleähnliche Aroma ist ein bedeutender Gehalt an Cumarin. Daneben kommen in den Samenkernen auch Blausäureglykoside vor, die jedoch nicht gesundheitsschädlich sind.

Die Steinweichsel wächst in ihrer Wildform als Strauch oder halbhoher Baum und erreicht eine Wuchshöhe von bis zu sechs Meter. Steinweichseln lieben trockene und sonnige Standorte. Große Verbreitung finden sie im Gebiet des Karstes. In Form der pannonischen Unterart *Prunus mahaleb ssp. simonkaii* kommt die Steinweichsel aber auch in der Region um Baden, südlich von Wien, vor. Die Blütezeit der Pflanze ist Mitte April. Die Blüten duften sehr stark und locken viele Insekten, unter anderem auch die Honigbienen, an. Die Früchte bleiben klein und sind schwarz. Ihre Genießbarkeit ist umstritten, da die Ansichten von giftig über extrem bitter bis hocharomatisch und wohlschmeckend gehen.

Früher diente die Steinweichsel auch als Unterlage für die Veredelung von Steinobst. Eine weitere Besonderheit der Steinweichsel ist das ebenfalls nach Cumarin duftende Holz, das zur Erzeugung von Gebrauchsgegenständen wie Pfeifen, Gehstöcken und Regenschirmgriffen verwendet wurde.

STROHBLUMENHONIG

Vorkommen des Honigs

auf einigen Inseln Dalmatiens, sehr selten

Der Honig

Die Farbe des Honigs ist hellbernstein. Die Kristallisation erfolgt langsam und nicht sehr kompakt. Die Kristalle sind grob und spitz. Der Geruch des Honigs erinnert an getrocknete Kräuter wie Kamille und Ginster. Strohblumenhonig ist sehr aromatisch und zeigt am Gaumen Aromen von Nougat und Malz.

Die Pflanze

Die Italienische Strohblume, lat. *Helichrysum italicum,* zählt zur Familie der Korbblütler, *Asteraceae.* Die Pflanze wird häufig mit den Synonymen »Immortelle« oder »Currykraut« bezeichnet. Ersteres, weil ihre leuchtend gelben Blüten auch in trockenem Zustand ihre Form und Farbe bewahren. Letzteres, da der Duft der silbrigen Blätter, insbesondere bei direkter Sonneneinstrahlung, an Curry erinnert. Die Pflanze wächst als Halbstrauch und erreicht eine Höhe von bis zu 50 Zentimeter. Sie ist im gesamten Mittelmeerraum verbreitet. Auf einigen Inseln der mittleren Adria vor der dalmatinischen Küste bildet sie größere Bestände. Die Blütezeit reicht von Mai bis August. Aus der Pflanze werden ätherische Öle gewonnen. Die Italienische Strohblume stellt keine hohen Ansprüche an den Boden. Sie kommt auf kargem Geröll und im felsigen Gebirge in Höhen bis zu 1 800 Meter vor. Allerdings benötigt sie viel Licht und Sonne.

TANNENHONIG

Vorkommen des Honigs

aus Bergwäldern, selten

Der Honig

Honige von der Tanne sind dunkelbernsteinfarben mit grünlichem Schimmer und geringer Tendenz zur Kristallisation. Sie zeichnen sich durch einen intensiven Duft nach Balsamessig, Harz und sonnengerösteten Tannennadeln aus. Am Gaumen bestätigen eine verdeckte Süße und die Würze von Harz den Gesamteindruck. Im Finale Malz, Karamell und Aromen von kandierten Orangenzesten, keine Bittertöne. Tannenhonige haben einen langen Abgang.

Der Rohstoff von Tannenhonig ist Honigtau, ein Sekret von pflanzensaugenden Insekten, das von den Bienen gesammelt und mit Enzymen versetzt wird. Honige von Tanne und Fichte werden oft vereinfacht als »Waldhonige« bezeichnet und stellen schon aufgrund ihres botanischen Ursprungs eine Besonderheit dar. Sie zählen zu den geschmacklich komplexesten Kreationen der Honigbiene und entwickeln durch mehrjährige Lagerung auch interessante Reifearomen.

Die Pflanze

Die Weißtanne, lat. *Abies alba*, zählt wie die Fichte, lat. *Picea abies*, zur Familie der Kieferngewächse, *Pinaceae*. Tannenwälder sind in Kroatien, in Ostserbien und im Rhodopengebirge meist an schwer zugänglichen Stellen in höherer Lage verbreitet. Weißtannen haben eine Pfahlwurzel, im Gegensatz zu Fichten, die ein tellerförmig ausgebreitetes Wurzelsystem besitzen. Beide Nadelhölzer sind Gymnospermen (Nacktsamer), die Samenanlagen liegen also frei auf den Fruchtblättern. Es fehlen Blütenblätter, Fruchtknoten und Narbe. Die Nadelhölzer sind zum größten Teil einhäusig, d. h. männliche und weibliche Blüten befinden sich auf denselben Individuen. Die männlichen Blüten bilden Zäpfchen, die eine große Zahl an Staubblättern mit Pollensäcken tragen. Die Bestäubung erfolgt durch den Wind. Der Pollen von Fichte und Weißtanne wird von je zwei Luftsäcken getragen, die das Schweben in der Luft und die Verbreitung erleichtern.

THYMIANHONIG

Vorkommen des Honigs

aus Küstenzonen, selten

Der Honig

Die Farbe des Thymianhonigs ist rötlich-braun. Die Kristallisation erfolgt rasch und grobkörnig. Kristallisierter Thymianhonig hat einen beigen Farbton. Bereits in der Nase fällt der markante Geruch nach Gewürzkräutern auf. Im Geschmack folgt der für Thymianhonige typische Thymolton, der sie leicht erkennbar macht und lange am Gaumen bleibt. Zusätzlich bemerkbar ist eine markante Säure, die die Süße des Honigs verdeckt. Bereits in der Antike waren Thymianhonige vom Mont Hybla in Sizilien sehr geschätzt.

Die Pflanze

Der Echte Thymian, lat. *Thymus vulgaris,* zählt zur Familie der Lippenblütler, *Labiatae*. Die weit verbreitete Heil- und Gewürzpflanze ist ein mehrjähriger Halbstrauch, der eine Wuchshöhe von bis zu 20 Zentimeter erreichen kann. Die Blüten sind weiß bis rosafarben. Der Blühzeitraum umfasst Mai bis Oktober. Ursprünglich stammt *Thymus vulgaris* aus dem westlichen Mittelmeerraum. Die Pflanze gedeiht am besten auf trockenen, kalkhaltigen Böden und benötigt heiße Sommer. Sie ist gemeinsam mit Bohnenkraut, Lavendel und Rosmarin eine typische Pflanze der Garrique in den Südwestalpen. An sonnigen, warmen Orten ist Thymian jedoch in ganz Mitteleuropa zu finden. Aus den Blättern des Thymians gewinnt man Thymol, ein ätherisches Öl, dem antibakterielle Wirkung zugeschrieben wird.

WEIDENHONIG

Vorkommen des Honigs

an Flussufern und aus Feuchtgebieten, selten

Der Honig

Reine Weidenhonige sind im Balkanraum sehr selten zu finden. Als eine der ersten Trachtpflanzen nach der Winterpause sind frühblühende Weiden von enormer Bedeutung für die Bienen. Weidenanteile sind allerdings in fast allen Frühlingshonigen enthalten. Der Weidenhonig ist dem von Obstgehölzen ähnlich: hellgelb, milder Geschmack und feines Aroma. Weidenhonige sind sehr reich an Pollen.

Die Pflanze

Die Weide, lat. *Salix spp.*, zählt wie

die Pappel zur Familie der Weidengewächse, *Salicaceae*. Innerhalb der Gattung *Salix* gibt es zahlreiche Hybride, da sich die Weidenarten auch untereinander kreuzen. Weiden sind weltweit und in allen Klimazonen verbreitet, aber die Mehrzahl der Arten wächst in der nördlich gemäßigten Klimazone. In Europa sind 35 Arten heimisch. Weidenarten gibt es in vielen Erscheinungsformen: von meterhohen Bäumen bis zu winzigen, krautartigen Sträuchern. Es gibt Arten, die in Auwäldern vorkommen, und solche, die man auf steinigen Böden bis in 2 500 Metern Seehöhe finden kann. Weiden sind Pionierpflanzen, die Böden erstmalig besiedeln, doch auch als Ziergehölze in Gärten sind sie anzutreffen.

Die Vermehrung ist einfach und erfolgt durch Stecklinge. Weiden eignen sich gut zur Bepflanzung von Böden mit hohem Grundwasserspiegel und zur Befestigung von Flussufern, Wildbächen und Dämmen. Sie haben eine Pfahlwurzel und holen sich Wasser aus großer Tiefe. Insbesondere die nektar- und pollenreiche Salweide, lat. *Salix caprea*, verwenden viele Imker als Heckenpflanze zur Ernährung der Bienen im zeitigen Frühjahr.

Weiden sind zweihäusig, d. h. männliche und weibliche Blüten befinden sich auf verschiedenen Pflanzen. Die Blüten sind sehr einfach gebaut und zu ährenartigen, steifen Blütenständen vereinigt. Männliche und weibliche Blüten sondern Nektar ab, jedoch nur die männlichen zusätzlich auch Pollen. Weibliche Pflanzen sind unauffällig grün, männliche wegen des besonderen Blütenstandes und der leuchtenden Pollenstaubbeutel hingegen sehr auffällig gelb. Die Zuckerzusammensetzung des Nektars kann bei verschiedenen Weidenarten erheblich schwanken. Pollen und Nektar sind den ganzen Tag verfügbar. Die Pollen werden von den Bienen in großen, hellgelben bis olivbraunen Höschen gesammelt. Der Anteil von Weidenpollen am Gesamtpolleneintrag kann in weidenreichen Gebieten bis zu 70 Prozent betragen. Der Stickstoffgehalt von Weidenpollen beträgt vier Prozent und ist wesentlich höher als der von bereits früher verfügbarem Haselpollen. In Fütterungsversuchen erwies sich Weidenpollen als hochwirksam für die Bienenernährung. Weiden stehen vielerorts aufgrund ihrer Bedeutung für die Insektenernährung unter Naturschutz. Sie gelten auch als sehr wichtige Futterquelle für heimische Schmetterlinge.

ZITRUSHONIG

Vorkommen des Honigs

aus mediterranen Zonen, selten

Der Honig

Da die Honige der einzelnen Zitrusarten nur schwer voneinander zu unterscheiden sind, wird häufig der Sammelbegriff »Zitrushonig« für Honige von Mandarinen, Limonen, Zitronen, Orangen und Bergamotten verwendet. Zitrushonige sind in flüssigem Zustand sehr hell bis strohgelb, sobald sie kristallisieren, fast weiß bis elfenbeinfarben. Die Kristallisation erfolgt nicht sofort, sondern erst einige Monate nach der Ernte. Falls der Honig nicht cremig gerührt wird, neigt er häufig zur Trennung von flüssiger und fester Phase. Zitrushonige haben einen typisch floralen Geruch nach Orangenblüte. Der Geschmack ist von mittlerer Süße und delikater Säure, hält allerdings nicht lange an. Zitrushonige gelten als pollenarm und können anhand des Pollenbildes eines Honigs nicht eindeutig als solche erkannt werden. Allerdings kann eine seiner Aromakomponenten, nämlich Methylanthranilat, analytisch exakt nachgewiesen werden.

Die Pflanze

Zitruspflanzen, lat. *Citrus spp.*, zählen zur Familie der Rautengewächse, *Rutaceae*. Sie stammen ursprünglich aus den tropischen und subtropischen Zonen Asiens. In der Folge der Feldzüge Alexanders des Großen gelangten einige Arten von ihnen nach Kleinasien. Jahrhunderte später begannen arabische Siedler, die exotische Pflanze auch in ihren eroberten europäischen Gebieten anzubauen. Zitruspflanzen sind immergrüne Bäume oder Sträucher mit einer Wuchshöhe von fünf bis 25 Meter. Die Blüten sind weiß, und die Früchte färben sich je nach Art grün, gelb oder orange. Die jungen Zweige sind grün, kantig und haben einen dreieckigen Querschnitt. In der Blattachsel sitzen eine Knospe und manchmal auch ein Dorn. Die Blüten sind einzeln oder in doldenartigen Blütenständen zusammengefasst. Je nach Wachstumsrhythmus blühen Zitruspflanzen zu einer bestimmten Jahreszeit oder auch verteilt über das ganze Jahr.

ANHANG

Begriffsbestimmungen

Agrarmarketing: Nüchterne Betriebswirtschaft, verpackt in Sehnsuchtsnatur und feilgeboten in schicker Inszenierung.

Anlockstrategien der Blütenpflanzen: Sex bei Pflanzen spielt sich deutlich leiser und unauffälliger ab als bei Mensch und Tier. Die meisten Arten benötigen tierische Überträger, die den männlichen Pollen auf die weibliche Narbe befördern. Diese allerdings haben in der Regel andere Interessen und müssen daher irgendwie angelockt werden. Manche Pflanzen strecken ihre Blüten in aller Pracht den Bienen entgegen, eingehüllt in eine betörende Duftwolke, wie etwa die Akazie, andere verstecken ihre Blüten verschämt und für das menschliche Auge kaum wahrnehmbar im Halbdunkel der Auwälder, wie der Faulbaum. Wieder andere treiben sonderbare Spielchen, wie die zweihäusige Salweide, die männliche und weibliche Blüten auf verschiedenen Pflanzen hat.

Auffütterung: Während der Winterruhe reicht den Bienen Zucker als Nahrungsquelle, da keine Brut aufgezogen und mit proteinreichem Blütenpollen versorgt werden muss. Daher füttert der Imker im Spätsommer, nach Entnahme der letzten Honigernte, die Bienen mit Zuckerwasser.

Bauer: Lebensweise, deren Hauptaktivität auf der Produktion von Lebensmitteln, mehrheitlich zur Eigenversorgung, liegt. Im industrialisierten Teil des Globus nahezu ausgestorben, erzeugen über 500 Millionen bäuerliche Betriebe weltweit immer noch einen Großteil der global verfügbaren Lebensmittel. Das Bauernleben erlebt mittlerweile in den Industriestaaten eine Renaissance, wobei das Hauptaugenmerk nicht wie früher auf dem Überleben, sondern auf dem Guten Leben liegt.

Bestäubung: Unter Bestäubung versteht man die Übertragung des Pollens (Blütenstaub) mit den darin befindlichen Spermienzellen auf das empfängliche Blütenorgan (Narbe). Im Laufe der Evolution haben Bienen und Samenpflanzen eine einzigartige Kooperation entwickelt. Die Pflanze lockt das Insekt mit auffälligen Blüten, farbigem Pollen und duftendem Nektar, da es einen Bestäuber benötigt, um sich über Samen fortpflanzen zu können. Das Insekt, auf der Suche nach Nahrung, übernimmt diese Aufgabe und erledigt die Bestäubung der Pflanze quasi im Vorbeikriechen. Da die Nektarquelle meist am Blütengrund liegt, streift die Biene beim Landen auf der Blüte an die Staubgefäße und wird mit Blütenstaub bedeckt. Da Bienen blütenstet sind, d. h. eine einzelne Biene stets so lange Blüten derselben Art besucht, solange darin Nektar zu finden ist, ist auch sichergestellt, dass der Blütenstaub zu fremden Blüten derselben Art gelangt. Aus der Sicht der Bienen wiederum ist die enge Verbindung mit der Pflanzenwelt eine Überlebensfrage, da sie sich ausschließlich von pflanzlichen Produkten ernähren. Zuckerhaltige Stoffe wie Blütennektar und Honigtau dienen als Energiequelle, und der Bedarf an Eiweiß, Fetten und Mineralstoffen wird mit Blütenpollen abgedeckt. Von dieser großartigen Kooperation profitieren also beide Seiten auf verschiedene Weise.

Bestäubungsmechanismus: Das blütenfremde Pollenkorn trifft auf die Narbe und treibt einen Keimschlauch bis zu den Eizellen der Samenanlagen vor. Die Befruchtung erfolgt durch die Vereinigung des Pollens mit der weiblichen Eizelle, der Embryo wächst.

Bienengift: Das Bienengift ist eine Mischung verschiedener Sekrete der Honigbiene, die mithilfe eines Stachels in den Körper eines Feindes eingespritzt werden. In der elastischen Haut des Menschen bleiben die Widerhaken des Stachels stecken, und der Biene wird ein Teil des Hinterleibes ausgerissen. Ein Bienenstich kann für den gestochenen Menschen schmerzhaft sein, für die stechende Biene ist er immer tödlich. Bienengift hat eine heilende Wirkung. In der Apitherapie wird dieses Phänomen seit Langem dazu genutzt, um Rheumaleiden zu lindern. Bienenstiche sorgen auch für einen makellosen Teint: Von einer solchen Behandlung berichtet US-Schauspielerin Gwyneth Paltrow vor einigen Jahren in der *New York Times*. Gab aber offen zu: Wehgetan habe es schon.

Bienenstand: Ort, an dem eine gewisse Anzahl an Bienenvölkern aufgestellt wird. Unterschieden wird zwischen Überwinterungsständen und Wanderständen.

Bienensterben: Massenhaftes Absterben von Bienenvölkern, deren Ursache vermutlich ein Mix von Varroamilbe, Viren und bienenschädlichen Insektiziden ist.

Bienensterben und Beizmittel: Einer der Gründe für das massenhafte Bienensterben war der Einsatz von hochgiftigen Beizmitteln (Neonikotinoiden) in der Landwirtschaft. Dabei sollte, um die landwirtschaftliche Kulturtechnik der Fruchtfolge zu ersetzen, der Schädlingsbefall durch Beizen des Saatguts mit Insektiziden verhindert und schädlingsfreie Monokulturen ohne Fruchtfolge möglich werden. Da diese Insektizide auch das Nervensystem der Honigbienen angreifen, wurden die Neonikotinoide im Jahre 2013 EU-weit weitgehend verboten. Seitdem haben sich die Honigbienenbestände (und auch die anderer Insektenarten) wesentlich erholt.

Bienensterben und Varroamilbe: Ein weiterer Grund für das massenhafte Absterben von Bienenvölkern ist die Varroamilbe. Dieser aus Südostasien eingeschleppte, etwa zwei Millimeter große Parasit befällt die Bienen bereits im Brutstadium und verursacht nach wie vor große Schäden. Mit Ausnahme von Australien und der Antarktis ist die Varroamilbe weltweit verbreitet. Alle Nymphenstadien und die Männchen leben ausschließlich in der verdeckelten Brut der Bienen. Nur die Weibchen der Milbe kommen auch außerhalb der Brutzellen vor und sitzen normalerweise auf der Bauchseite des Hinterleibes von erwachsenen Bienen sowie knapp hinter dem Kopf.

Bienenstich: Die Schmerzhaftigkeit eines Bienenstiches ist abhängig davon, wie viel Bienengift bei einem Stich injiziert wird, weiters, wie tief das Gift in die Haut gelangt und auch an welcher Körperstelle der Stich erfolgt. Stiche in die Nasenspitze, am Penis und an der Oberlippe sind am schmerzhaftesten. Werden Kopf, Zehe und Oberarm von einer Biene gestochen, so ist dies am wenigsten schmerzhaft.

Bienenstock: Bezeichnung für ein Bienenvolk samt der dazugehörigen Behausung.

Bienenstockfarben: Farben erleichtern den Bienen die Orientierung bei der Rückkehr in den Bienenstock. Aus diesem Grund sind häufig Teile des Bienenstockes farbig bemalt.

Bienenwachs: Bienenwachs wird von Arbeiterbienen zwischen ihrem zwölften und 18. Lebenstag produziert und in kleinen Plättchen über Wachsdrüsen am Bauch ausgeschieden. Die Bienen verwenden es, um ihre Waben zu bauen. Die Herstellung von Bienenwachs ist sehr energieintensiv: Für ein Kilogramm Wachs benötigen die Bienen acht Kilogramm Honig. Bienenwachs war über Jahrhunderte ein begehrtes Handelsgut, das vor allem zur Herstellung von Kerzen diente.

Bienenwanderung: Transport von Bienenvölkern durch den Imker zu einem anderen Standort.

Blüte: Bei einem Teil der Samenpflanzen liegen die Geschlechtsorgane im Inneren der Blüte verborgen. Der schematische Aufbau der Blüte von außen nach innen ist bei allen gleich: In dichten Kreisen stehen eng gedrängt Kelch-, Kron-, Staub- und Fruchtblätter. Kelchblätter umhüllen die innenliegenden, empfindlichen Teile der Blüte. Die vom Kelch umschlossenen Kronblätter sind meist farbig ausgebildet. Als Nächstes folgen die Staubblätter, die Blütenstaub mit den männlichen Keimzellen absondern. Ganz im Inneren findet man die Fruchtblätter, die zu einem Fruchtknoten verwachsen sind und die weiblichen Samenanlagen enthalten.

Blütenhonig: Honig, dessen botanische Quelle Blütennektar ist. Blütenhonige haben meist eine hellere Farbe als Honigtauhonige.

blütenstet: Bienen sind blütenstet. Dies bedeutet, dass eine Biene so lange eine bestimmte Blütenart besucht, bis die Nektarproduktion versiegt. Erst dann macht sie sich auf die Suche nach einer neuen Futterquelle auf anderen Blütenarten.

Blütennektar: Siebröhrensaft von Blütenpflanzen, der über die Nektardrüsen als zuckerhaltige, wässrige Lösung abgesondert wird, um Bestäubungsinsekten anzulocken. Jede Pflanzenart hat eine ihr eigene Nektarzusammensetzung. Auch die Aromakomponenten sind unterschiedlich und beeinflussen den Geschmack des Honigs.

Chemischer Pflanzenschutz: Lukratives Geschäftsfeld, in dem Lösungen für Probleme im Pflanzenbau angeboten werden. Mit der Behebung eines Problems wird allerdings oft bereits der Grundstein für neue Probleme gelegt, für die dann wiederum Lösungen angeboten werden müssen. Eigentlich findet nur eine Verschiebung von Problemen statt.

Cremehonig: Cremehonige werden, um feincremige Konsistenz zu erlangen, mit etwa zehn Prozent Honig, der bereits die gewünschte Konsistenz hat, »geimpft« und über einen Zeitraum von mehreren Tagen immer wieder gerührt.

Enzyme: Komplexe chemische Eiweißverbindungen, die chemische Prozesse ermöglichen oder beschleunigen. Die Zugabe von Enzymen zu Nektar und Honigtau durch die Bienen ist einer der wesentlichen Prozesse der Honigentstehung.

Gelee Royale: Futter für junge Bienenlarven während der ersten drei Tage und für die Königinnen ein Leben lang. Wird von den Arbeiterinnen produziert. Gelee Royale ist ein Sekret der Futtersaftdrüsen. Spezielle Proteine bewirken eine starke Zunahme der jungen Larven an Größe, Gewicht und Fruchtbarkeit. Verwendung findet Gelee Royale als Zutat für Nahrungsergänzungsmittel sowie als Rohstoff für die Kosmetikindustrie.

Gentechnisch veränderte Organismen: Organismen, deren genetisches Material in einer Weise verändert wurde, wie sie unter natürlichen Bedingungen, durch Kreuzung und Rekombination, nicht vorkommt. Dieser Eingriff in die Genetik kann unabsehbare Folgen in der Nahrungskette haben.

Gütesiegel: Güte ist nicht versiegelbar. Gütesiegel sind vorgefertigte Produktbeurteilungen. Die »Vergütesiegelung« fördert die sensorische Unmündigkeit des Verbrauchers. Der höchste Maßstab für die Güte eines Lebensmittels ist der kritische Gaumen eines Konsumenten, und nichts anderes.

Honig: Honig (im Sinne der Österr. Honigverordnung BGBL. II Nr. 40/2004) ist der natursüße Stoff, der von Bienen der Art *Apis mellifera* erzeugt wird, indem die Bienen Nektar von Pflanzen, Absonderungen lebender Pflanzenteile oder auf lebenden Pflanzenteilen befindliche Sekrete von an Pflanzen saugenden Insekten aufnehmen, diese mit arteigenen Stoffen versetzen, umwandeln, einlagern, dehydratisieren und in den Waben des Bienenstockes speichern und reifen lassen.

Honigblase: Hohlraum im Körper der Bienen, der zum Transport von Flüssigkeiten wie Wasser, Nektar oder Honig dient. Sein Volumen fasst 50 Milligramm. Das bedeutet, dass für ein Kilogramm Blütennektar 20 000 Flüge nötig sind. Da der Nektar noch im Verhältnis 3:1 eingedickt wird, ehe er haltbarer Honig ist, benötigen Bienen für ein Kilogramm Honig 60 000 Sammelflüge. Dies ist eine Wegstrecke, die drei Umrundungen der Erde entspricht. Eine erstaunliche Leistung für ein so kleines Insekt.

Honigessig: Essig, der aus Honigwein hergestellt wird, indem Essigsäurebakterien zugesetzt werden.

Honiglandschaft: Landschaft, die für Honigbienen relevante Trachtquellen aufweist. Bedingt durch den kleinen Flugradius der Bienen von nur vier Kilometern ist Honig das exakte Abbild der Blühpflanzen einer Landschaft zu einem bestimmten Zeitpunkt des Jahres.

Honigtau: Ausscheidung von pflanzensaugenden Insekten, die die Leitungsbahnen einiger Pflanzen anstechen und Siebröhrensaft saugen.

Honigtauhonig: Honig, dessen botanische Quelle Honigtau ist. Honigtauhonige (häufig nicht ganz korrekt als »Waldhonige« bezeichnet) entstehen aus den Ausscheidungen von pflanzensaugenden Insekten, die Honigtau absondern. Dieser Honig ist durch Eintrag von Rußtaupilzen dunkler und außerdem mineralstoffreicher als Honig aus Blütennektar. Waldhonig ist nicht per se Honigtauhonig, da in Wäldern auch Blütenpflanzen wie Berg-Ahorn, Himbeere etc. vorkommen.

Honigverkostung: Die intensive Verkostung eines Honigs ist ein mehrdimensionales Erlebnis. Sie umfasst visuelle Eindrücke, die Wahrnehmung von Geruch und Geschmack sowie das Erfassen von haptischen Reizen am Gaumen.

Hybridzüchtung: Züchtungsmethode von Nutzpflanzen, bei der die gewünschten Eigenschaften nur in der ersten Generation auftreten. Das Saatgut muss somit jährlich neu gekauft werden. Durch gezielte Befruchtung versucht die Agrarindustrie, das im Laufe der Evolution entstandene großartige Zusammenspiel von Pflanze und Insekt zu übergehen. Die Produktion von Nektar und Pollen ist unnötig, das Bestäubungsinsekt fortan ohne Bedeutung. Die Biene wird vom Akteur zum Statisten. Durch Patentierung des Saatguts entstehen Abhängigkeiten von Landwirten und Saatguterzeugern.

Industrialisierung der Landwirtschaft: Der Bruch mit den landwirtschaftlichen Traditionen kann zeitlich etwa mit der Erfindung des Kunstdüngers zu Beginn des 20. Jahrhunderts festgemacht werden. Die gleichzeitige Mechanisierung der Landwirtschaft und der Einsatz von Pflanzenschutzmitteln ermöglichte wesentlich größere Produktionseinheiten bei gleichzeitig geringerem Arbeitskräftebedarf. Massentierhaltung und Monokulturen waren die Folgen.

Kristallisation (Kandierung): Honig neigt von Natur aus zur Kristallisation. Die Geschwindigkeit der Kristallbildung ist von der Zusammensetzung der Zuckerarten abhängig. Hoher Glucoseanteil, z. B. im Rapshonig, begünstigt eine rasche Kristallbildung.

Met: Honigwein; Herstellung durch Verdünnung von Honig mit Wasser und anschließender Vergärung. Met ist das älteste Rauschgetränk des Menschen.

Monofloraler (sortenreiner) Honig: Bienen sind grundsätzlich »blütenstet«, d. h. eine Biene befliegt so lange Blüten derselben Art, solange diese Nektar anbieten. Da jedoch verschiedene Bienen auch verschiedene Blütenvorlieben zeigen, sind Honige – abgesehen von solchen, die aus großen Monokulturen stammen – nie zu 100 Prozent sortenrein. Ist im Geschmacksbild des Honigs jedoch eine Trachtquelle eindeutig identifizierbar und entspricht dies dem Pollenbild des jeweiligen Honigs, so spricht man von reinsortigen Honigen. In nahezu allen Honigen finden sich daher Einträge von Pollen und Nektar aus verschiedenen botanischen Quellen, die mithilfe der Pollenanalyse leicht bestimmt werden können. Für die Kennzeichnung der Honigsorte gibt es laut Lebensmittelverordnung genaue gesetzliche Bestimmungen. In jedem Falle muss die auf dem Etikett genannte Sorte geschmacksbestimmend sein.

Multifloraler Honig (Vielblütenhonig): Vielblütenhonige zeigen Nuancen im Geschmacksbild, die keiner einzelnen Trachtquelle zugerechnet werden können.

Naturwabenbau: Wabenbau der Bienen ohne vom Imker vorgegebenes Muster durch eine vorgefertigte Wachsplatte.

Neophyten: Als Neophyten bezeichnet man Pflanzen, die nach dem 15. Jahrhundert absichtlich eingeführt bzw. unabsichtlich eingeschleppt wurden. Ein Fluch für Naturschützer und Verteidiger der heimischen Arten, ein Segen für die Imker und ihre Bienen, denn Bienen unterscheiden bei ihrer Futtersuche nicht zwischen heimisch und zugewandert. Übrigens: Irgendwann ist alles zugewandert.

Neonikotinoide (Beizmittel): Systemisches Insektizid mit verheerender Wirkung auf Bienen und viele andere Insekten. EU-weit – mit Ausnahmen – seit 2013 verboten.

Phloemsaft: Siebröhrensaft der Pflanzen, der in den Leitungsbahnen des Phloems fließt und von pflanzensaugenden Insekten als Nahrung genutzt wird.

Pollen: Pollen ist Blütenstaub, der von den Bienen von Blüte zu Blüte transportiert wird und für die Bestäubung sorgt. Jede Pflanzenart hat ihren charakteristischen Pollen. Größe, Farbe und Geschmack des Pollens der einzelnen Pflanzen sind sehr unterschiedlich. Pollen hat einen sehr hohen Nährwert, da er einer der eiweißreichsten Stoffe ist, den die Natur hervorbringt. Der Blütenstaub wird von den Bienen gesammelt, mit Speichel oder Blütennektar vermengt und in kleinen Klumpen an den Hinterbeinen klebend (Pollenhöschen) transportiert. Im Bienenstock wird er als Eiweißquelle gelagert und an die Brut verfüttert. Wird Blütenpollen im Handel verkauft, so erfolgt dies meist in getrockneter Form.

Pollenübertragung: Die Übertragung der Pollen kann bei Selbstbestäubern durch direkte Berührung von Staubbeutel mit Narbe erfolgen. Einige Pflanzen nutzen Insekten oder auch Wind und Wasser als Transportmittel. Das Bestäubungsinsekt muss, um an die Abgabestelle des Nektars, die meist im Innersten der Blüte liegt, zu gelangen, an den Staubbeuteln vorbei. Dabei wird Pollen abgestreift und zu anderen Blüten der gleichen Art transportiert.

Propolis: Hauptbestandteil von Propolis ist eine harzartige Substanz, die Bienen von Knospen und aus Pflanzensäften sammeln. Im Bienenstock dient es als Kittsubstanz für Ritzen und Fugen sowie zum Verschluss der Brutzellen. Propolis hat mehrere wichtige Eigenschaften: Es wirkt antibiotisch, pilzhemmend sowie wundheilend. Propolis wird daher häufig als natürlicher Rohstoff für pharmazeutische und kosmetische Produkte verwendet.

Siebröhrensaft: Flüssigkeit in den Leitungsbahnen von Pflanzen, in denen Nährstoffe transportiert werden. Man unterscheidet Phloem- und Xylemsaft. Im Xylem erfolgt der Transport von Wasser und Nährstoffen ausschließlich von den Wurzeln in die Triebspitzen. Für die Honigtauerzeuger ist das im Inneren eines Zweiges liegende Xylem nicht erreichbar. Im Phloem wird eine wässrige Lösung transportiert, die wesentlich mehr organische Substanzen und Zucker enthält. Die Transportrichtung ist, je nach Bedarf der Pflanze, sowohl von oben nach unten als auch umgekehrt möglich. Der Ursprung des Honigtaus ist ausschließlich Phloemsaft. Zwischen Xylem und Phloem liegt das Meristemgewebe, das jedes Jahr einen Ring nach außen und innen bildet. Dies ist der Grund, warum Zweige jedes Jahr etwas dicker werden.

Schwarm: Folge des natürlichen Vermehrungstriebes der Bienen. Bei günstiger Bevorratungssituation und wenig Platz sorgen die Bienen für eine Teilung des Bienenvolkes. Wenige Tage bevor die neue Königin schlüpft, verlässt die alte Königin mit etwa zwei Dritteln der Flugbienen den Stock und sucht sich eine neue Bleibe.

Seimhonig: Durch leichtes Anwärmen und nachfolgendes Pressen von zerstückelten Waben gewonnener Honig.

Slow Food: Honig ist Slow Food par excellence. Für ein Kilogramm Bienenhonig legen Bienen nicht weniger als 150 000 Kilometer Flugstrecke zurück, oder anders gesagt: Ein Kilo Honig entspricht der Lebensarbeit von etwa 400 Bienen. Zudem laufen viele biochemische Prozesse im Honig, wie etwa die Kristallisation, extrem langsam ab. Das Sammeln von Nektar und Honigtau benötigt Zeit, der Prozess der Trocknung, das Fermentieren, die Reifung des Honigs benötigen Zeit.

Süß: Im Gegensatz zu Rübenzucker ist Honig keineswegs nur süß. Einige Sorten wie etwa Edelkastanienhonig haben Bitteraromen, andere zeigen feinsäuerliche Nuancen. Es ist dieses feine Zusammenspiel von Süße, Bittertönen und erfrischender Säure, das das einzigartige Geschmacksbild eines Honigs ausmacht.

Tracht: Pollen-, Blütennektar- und Honigtauangebot einzelner Pflanzen, das den Honigbienen zur Verfügung steht.

Vegetarisch: Ob Honig ein pflanzliches oder ein tierisches Produkt darstellt, darüber wurde und wird immer noch heftig diskutiert. Honig wird nicht – wie etwa Milch von Kühen – produziert, sondern von pflanzlichen Quellen gesammelt und im Bienenorganismus getrocknet und mit Enzymen versetzt.

Verhinderung von Selbstbestäubung: Die Blütenpflanzen haben zahlreiche Strategien entwickelt, um die Bestäubung mit dem blüteneigenen Pollen zu verhindern, etwa die Selbststerilität oder die Protandrie, d. h. die Reife und Entleerung der Staubbeutel mit den Blütenpollen vor der Bestäubungsfähigkeit der Narbe (z. B. Sonnenblume). Es gibt auch Pflanzen, die mithilfe einer komplizierten Blütenmechanik geniale Strategien entwickelt haben, um die kreuzweise Befruchtung sicherzustellen. Die Orchidee etwa mit der Vorwärtsneigung der Pollenspender mit ihrem klebrigen Stielende oder die Blütenstaubbeutel des Salbeis, die den Körper des Insekts, das die Blüte besucht, genau an der Stelle berühren, an der es die Narbe der Nachbarblume berühren und bestäuben soll.

Wabe: Waben werden von den Bienen aus Bienenwachs hergestellt und dienen zur Lagerung von Honig, Pollen und zur Aufzucht der Brut.

Waldhonig: Bezeichnung, die meist generell für Honigtauhonige verwendet wird. In Waldhonig können aber auch Anteile von Blütennektar enthalten sein (z. B. Himbeere, Berg-Ahorn). Waldhonig hat eine komplizierte Entstehungsgeschichte. Der ursprünglich pflanzliche Siebröhrensaft, der von Läusen aus den Nadelbäumen gefiltert und anschließend als Honigtau an die Bienen weitergereicht wird, durchläuft somit zweimal einen Insektenorganismus, eine »mysteriöse Transsubstantiation«. Anschließend wird der Honigtau von den Bienen getrocknet und mit Enzymen versetzt. Erst jetzt spricht man von Honig.

Wassergehalt: Der Prozess der Honigbereitung ist mit einer ständigen Abnahme des Wassergehaltes verbunden. Beträgt dieser im Blütennektar und Honigtau noch bis zu 75 Prozent, so wird dieser von den Bienen mithilfe verschiedener Trocknungstechniken auf weniger als 20 Prozent abgesenkt. Nun ist der Honig haltbar, und die Honigzelle wird von den Bienen mit einem Wachsplättchen versiegelt.

Zeidler: Vorläufer der Imker. Gewerbliche Honigsammler, die Bienenwaben von wilden Bienenvölkern ernteten, die sich in hohlen Baumstümpfen in Wäldern niedergelassen hatten. Bis ins Frühmittelalter hatte das Zeidlergewerbe in vielen Teilen Europas große Bedeutung.

Bibliografie und weiterführende Lektüre

1. Geschichtliches

Eva Crane: *The World History of Beekeeping and Honey Hunting*, Routledge, 1999

Günther Beck von Mannagetta: *Die Vegetation der illyrischen Länder*, Verl. Wilhelm Engelmann, 1901

Luja Adamovic: *Die Vegetation der mösischen Länder*, Verlag von Wilhelm Engelmann, Leipzig, 1909

Veroljub Umeljić: *Enciklopedija Pčelarstva*, Eigenverlag, Kragujevac, 2008

Petra Bole: *Living Together, About Bees and Mankind*, Radovljica Municipal Museums, 2021

Cyrill Steiger: *Geschichte und Politik auf dem Balkan*, Edition Sammlung Essl, 2004

Edgar Hösch: *Geschichte des Balkans*, C. H. Beck, München, 2004

Maria Nikolaeva Todorova: *Imagining the Balkans*, Oxford University Press, 2009

Friedrich Ruttner: *Naturgeschichte der Honigbienen*, Kosmos, 2003

J. G. Bessler: *Geschichte der Bienenzucht*, Verlag von W. Kohlhammer, Stuttgart, 1886

Vlasta Domaćinović: *Waldbienenzucht bei einigen südslawischen Völkern*, Stud. ethnol. Croat., 1995

Vlasta Domaćinović: *Verbreitung bestimmter Bienenstocktypen in Jugoslawien und Versuch der Altersbestimmung*, Ethnologisches Forum, 10 (3), 1980. S. 129–138.

J. Kulincevic: *Facts about Beekeeping in Yugoslavia*, Bee World, 40:10

Hansjörg Küster: *Geschichte des Waldes*, C. H. Beck, 2013

P. und I. Schönfelder: *Mittelmeerflora*, Franckh-Kosmos-Verlags-GmbH, Stuttgart, 2018

Georgios Pallis: *Beekeeping in Attica during the Ottoman period (1456–1821)*

https://apiculture.com/en/articles/search?view=frontsearch&catid=12&ftags[0]=

Georgios Mavrofridis: *Die reproduktive Bienenhaltung von Chalkidiki*, Beekeeping Review

https://www.olympia.gr/1140785/ellada/i-paradosiaki-melissokomia-stin-ieri/

Corinna Leschber: *Beekeeping in the Balkans: Mythology and etymology*, 2013

https://www.researchgate.net/profile/Corinna-Leschber/publication/298093236_Beekeeping_in_the_Balkans_Mythology_and_etymology/links/5ae308b4aca272fdaf8fcff5/Beekeeping-in-the-Balkans-Mythology-and-etymology.pdf?origin=publication_detail

2. Die Honiglandschaften des Balkans und ihre ImkerInnen

Aus der ZEIT Nr. 52/2021

Elizabeth Gowing: *Travels in Blood and Honey*, Signal Books, Oxford, 2011

Marjan Arsov: *Pčele Iz Davoljeg Zida*, Pčelarski žurnal 26, januar–mart, 2015

Petar Kovacevic: *Honey Routes Through Durmitor and Herzegovina*, 2016; https://issuu.com/amarokmn/docs/putevi_meda_a5_small

https://www.welt.de/reise/nah/article187964133/Siebenbuergen-Hermannstadt-ist-bestes-altes-Deutschland.html

https://www.rri.ro/de/feature-reportage/pro-memoria-zur-geschichte-rumaeniens/die-walachei-zu-zeiten-des-fuersten-vlad-dracul-der-pfaehler-id628772.html

3. Die Sortenhonige des Balkans

Veroljub Umeljić: *U svetu cveća i pčela*, Atlas medonosnog bilja, Kragujevac, 2006

Johannes Gruber, Dominik Flammer, Sylvan Müller: *Honig der Alpen*, AT Verlag, 2021

Johannes Gruber, Nina Wessely: *Die Reise des Wanderimkers*, Löwenzahn Verlag, 2017

Anna Maurizio, Ina Grafl: *Das Trachtpflanzenbuch*, Ehrenwirth, 1980

Helmut Genaust: *Etymologisches Wörterbuch der botanischen Pflanzennamen*, Nikol-Verlag, 2017

https://svebas.com/medonosno-bilje-primorja-i-krsa-vrijes/

4. Allgemeine Literatur

Hilke Gerdes: *Rumänien für Deutsche*, Ch. Links Verlag, 2007

Franziska Tschinderle: *Albanien*, Czernin Verlag, Wien, 2022

Penka Angelova: *Der Balkan – »Eine Landschaft als Schicksal«?*

http://www.polylogzentrum.at/weltprojekt-der-berge/dokumentation/die-namen-der-berge/der-balkan-eine-landschaft-als-schicksal-die-landschaft-und-das-schicksal/

Foto: Wolfgang Hummer

JOHANNES GRUBER

1968 in der Steiermark geboren, ausgebildeter Önologe und Pomologe. Seit 1999 arbeitet er mit seiner eigenen Imkerei, seit 2013 ist er Wanderimker im Vollerwerb. Zuletzt erschienen seine Bücher »Honig der Alpen« (AT Verlag, 2021) und »Die Reise des Wanderimkers« (Löwenzahn Verlag, 2017).

Die Honige von Johannes Gruber erhalten Sie über folgende Bezugsquelle:

RAINBAUER
Wanderimker Johannes Gruber
Honig als biologischer Landwirtschaft
Buchberg 17, A-8274 Buch – St. Magdalena
Tel.: 0699/192 386 16
Mail: johannes.gruber2@aon.at

Johannes Grubers Honigreisen in die Balkanländer
haben von März 2022 bis April 2024 stattgefunden.

Erste Auflage

Cover & Buchgestaltung: Jorghi Poll
Druck: Grafički zavod Hrvatske, Zagreb
ISBN 978-3-99065-148-3

Literaturverlag Poll GmbH / Edition Atelier
Nußdorfer Straße 62/2, A-1090 Wien
office@editionatelier.at, www.editionatelier.at

Mit freundlicher Unterstützung der Stadt Wien Kultur

Stadt Wien | Kultur

Palić
Kroatien
Bužim
Barbat
Serbien
Bosnien &
Herzegovina
Bileća
Plužine
Monte
negro
Albanien
Përmet